U0132090

高职高专机电类

工学结合模式教材

Pro/ENGINEER Wildfire 4.0 中文版模具设计

于保敏　主　编

陈桂华　副主编

清华大学出版社

北京

内 容 简 介

本教材基于高职高专模具设计与制造专业整体教学改革,在构建"工作任务为中心、项目课程为主题"的课程体系的框架下编写的。本教材从工作岗位入手锻炼工作能力,用工作项目统领整个教学内容,以典型模具的设计过程为导向,通过任务驱动完成项目训练。项目的安排次序采用由浅入深、循序渐进的原则。在内容上,每个项目采用实际案例,由教学目标、项目介绍、相关知识、项目实施、项目总结、学生练习项目组成,既能使读者更快、更深入地理解 Pro/ENGINEER 模具设计中的一些抽象的概念和复杂的命令及功能,又能使读者迅速掌握许多模具设计的技巧。

本书主要内容包括 Pro/ENGINEER 模具设计基本流程、创建模具模型、分型曲面分模法模具设计、体积块分模法模具设计、浇注系统与冷却系统设计、模具检测分析、注塑顾问以及综合实例。

本书可作为高职高专模具设计与制造、机电一体化、数控应用技术专业及其他相关专业"Pro/ENGINEER 模具设计"课程的教材,也可作为各类培训学校学员的 CAD/CAM 教材和上机练习教材,以及广大工程技术人员学习 Pro/ENGINEER 模具设计的自学教程和参考书。

图书在版编目(CIP)数据

Pro/ENGINEER Wildfire 4.0 中文版模具设计/于保敏主编. —北京:清华大学出版社,2012.1

(高职高专机电类工学结合模式教材)

ISBN 978-7-302-27197-0

Ⅰ. ①P… Ⅱ. ①于… Ⅲ. ①模具-计算机辅助设计-应用软件,Pro/ENGINEER Wildfire 4.0-高等职业教育-教材 Ⅳ. ①TG76-39

中国版本图书馆 CIP 数据核字(2011)第 221471 号

责任编辑:贺志洪
责任校对:袁 芳
责任印制:王静怡

出版发行:清华大学出版社		地 址:北京清华大学学研大厦 A 座
http://www.tup.com.cn		邮 编:100084
社 总 机:010-62770175		邮 购:010-62786544
投稿与读者服务:010-62776969,c-service@tup.tsinghua.edu.cn			
质 量 反 馈:010-62772015,zhiliang@tup.tsinghua.edu.cn			

印 刷 者:北京季蜂印刷有限公司
装 订 者:三河市李旗庄少明印装厂
经 销:全国新华书店
开 本:185×260 印 张:12.5 字 数:286 千字
    附光盘 1 张
版 次:2012 年 1 月第 1 版 印 次:2012 年 1 月第 1 次印刷
印 数:1～3000
定 价:35.00 元

产品编号:043483-01

Pro/ENGINEER 是美国 PTC(Parametric Technology Corporation)公司推出的专业 CAD/CAM 软件系统,凭借其强大的三维实体造型和分模功能,现在已成为模具工业中应用最为广泛的设计软件之一。

随着现代工业发展的需要,塑料制品在机械、电子、航空和日常生活等各个领域的应用越来越广泛,质量要求也越来越高。注塑模具工艺空前发展,社会对模具设计人员的需求数量很大,对其技术水平要求逐步提高。现在依靠人工经验设计模具已经不能满足需要,企业越来越多地利用模具 CAD/CAE/CAM 技术来进行模具的设计和制造。根据岗位需要,为培养学生职业能力,高职院校相继开设了"Pro/ENGINEER 模具设计"课程。

本书针对没有实践经验的高职学生,采用项目化方式编写,以培养学生模具 CAD 技能为核心,用工作项目统领整个教学内容,并以典型模具的设计过程为导向,通过任务驱动完成项目训练。同时穿插设计原理、注意事项、软件使用技巧等内容,使学生能举一反三,融会贯通,操作性和指导性强。

本书通过大量日常用品模具的实例,详细介绍 Pro/ENGINEER Wildfire 4.0 中文版模具设计的方法和技巧,由 8 个学习项目组成,内容包括 Pro/ENGINEER 模具设计基本流程、创建模具模型、分型曲面分模法模具设计、体积块分模法模具设计、浇注系统与冷却系统设计、模具检测分析、注塑顾问以及综合实例。

本书由漯河职业技术学院于保敏担任主编,陈桂华担任副主编,章志芳、陈艳伟参与部分内容的编写。其中项目一、项目四由章志芳编写,项目三、项目七由陈桂华编写,项目二、项目五由陈艳伟编写,项目六、项目八由于保敏编写。

本书在编写过程中得到了很多企业和相关人员的支持,在此一并表示感谢。

由于编者水平有限,缺点和错误在所难免,恳请广大读者批评指正。

编　者

2011 年 6 月

Pro/ENGINEER模具
设计基本流程

教学目标

认识 Pro/ENGINEER 模具模式下的主界面,能初步操作 Pro/ENGINEER 模具设计模块,实施模具设计基本工作过程,初步掌握 Pro/ENGINEER 模具设计基本流程。

一、项目介绍

操作使用 Pro/ENGINEER 模具设计模块,进行如图 1-1 所示塑件 box 模具的设计,掌握 Pro/ENGINEER 模具界面组成和模具设计基本流程。

图 1-1　塑件 box

二、相关知识

(一) Pro/ENGINEER 模具模块简介

Pro/ENGINEER(简写为 Pro/E)是美国 PTC(Parametric Technology Corporation,参数技术公司)公司开发的大型 CAD/CAM/CAE 集成软件。它涵盖了零件设计、曲面设计、模具设计、数控加工、机构仿真等功能模块,广泛应用于机械、模具、汽车、电子、航空等设计领域。

Pro/ENGINEER 模具设计是指在 Pro/ENGINEER 环境下根据造型图和结构图设计出模具。在 Pro/ENGINEER 中,模具模块是一个可选模块,提供了设计模具所需的各种工具。可以使用现有零件模型进行模具设计,而不必在模具模式下重新创建零件模型。

在安装 Pro/ENGINEER 软件时,必须选择"Model CHECK、Mold Component Catalog、Pro/Plastic Advisor"选项,才能使用 Pro/ENGINEER 模具设计模块的各种功能。

模具是加工中将材料加工成零件或者半成品的一种工艺装备。模具设计首先要根据设计好的零件,完成模具型腔的设计。型腔的组件包括型芯(又叫动模或凸模)、型腔(又叫定模或凹模)、滑块和浇注系统等。

在模具模式下,可以创建以下几种文件类型。

1. 模具文件(moldname. mfg)

模具模块下设计的文件。该文件包含所有参照零件的组件、工件及模具处理信息。

2. 模具组件文件(moldname. asm)

所有模具零件的装配文件。该文件是系统自动创建的组件文件,包括所有参照模型、工件及模具基础元件,还包括所有组件级的模具特征。

3. 设计模型文件

filename. prt 文件为设计零件文件。

4. 参考模型文件

filename_ref. prt 文件为参考模型文件。

5. 工件文件

filename_wrk. prt 文件为毛坯工件文件。

6. 其他模型文件

name. prt 或 name. asm 文件是系统为在模具组件中作为元件的零件和子组件所创建的零件或组件文件。

(二) Pro/ENGINEER 模具设计专业术语

1. 参照模型

参照模型也叫参照零件,是将设计零件装配到模具模式中时,系统自动生成的零件模型。

2. 工件

工件是用于模具型腔设计的基本组件,相当于毛坯。

3. 模具模型

模具模型包括参照模型和工件两部分。将参照模型和工件组装在一起,就构成了模具模型。

4. 收缩性

由于塑件在冷却和固化时会产生收缩的特性称为"收缩性"。由于收缩性的影响,冷却到室温后的塑件零件尺寸比模型型腔要小一些。将收缩率应用到参照模型中,就可以按照与模具成形过程的收缩量成比例的值来增加参照模型的尺寸。

5. 分型面

分型面是指将模具型腔分开以便将塑件从模具中取出的分离曲面。在Pro/ENGINEER模具设计中,分型面是由数个曲面特征组成的,用于分割工件或现有体积块来创建模具体积块。

6. 体积块

体积块是没有质量的封闭曲面面组,可以用来分割工件。使用分型曲面可以将工件分割成为一个或两个模具体积块。当使用分型面分割工件时,系统会计算工件材料的总体积,然后裁剪所有的参照零件几何形状及用于创建浇口、流道的模具组件特征。随后系统将工件体积块转变为模具体积块。在分割结束时,会生成两个模具体积块。

在分割工件时最多只能创建两个模具体积块。如果用于分割工件的分型面比较复杂,且分型面将工件分成两个以上部分时,系统弹出"岛列表"菜单,用于选取和取消选取体积块。选取的岛包含在第一个体积块内,而取消选取的岛包含在第二个体积块内。

7. 模具元件

直接与塑料接触形成塑件形状的零件属于模具元件,包括型腔、型芯和滑块等。其中构成塑件外形的元件称为型腔,构成塑件内部形状的元件称为型芯,构成塑件侧面凹凸部位形状的称为滑块。

8. 铸模

将实体体积填充到型腔和浇注系统所形成的空间,模拟注塑成形的成品件。

（三）Pro/ENGINEER模具设计基本流程

应用Pro/ENGINEER模具设计模块进行模具设计,一般包括以下内容。

1. 创建模具文件

包括设置工作目录和建立一个新的模具文件。

(1) 在计算机的任何一个硬盘分区如D盘或E盘(为了保证系统运行速度,一般不采用C盘)中,建立一个非中文命名的模具专用文件夹,专门存放本次设计产生的各种文件。

(2) 复制设计零件模型到该文件夹中。

(3) 启动Pro/ENGINEER 4.0后,设置工作目录到刚才新建的文件夹中。

(4) 新建一个模具文件。

2. 创建模具模型

模具模型包括参照模型和工件两部分,可以直接在模具模式下创建参照模型和工件,还可以在零件模式中创建,再将其装配到模具模式中。需要注意的是对于参照模型,一般情况下应该在零件模式中创建,然后将其装配到模具模式中。

3. 设置收缩率

在一般情况下应该创建各方向同性的比例收缩率或收缩系数。

4. 创建分型曲面或体积块

分型曲面是一种曲面特征，主要用来分割工件。体积块是没有质量的封闭曲面面组，也可以用来分割工件。

5. 分模

利用创建的分型曲面或体积块将工件分割成单独的体积块，采用抽取模具体积块的方法创建模具元件。

6. 铸模

可以模拟生成一个塑件，用来检查模具设计的正确性。

7. 开模

定义打开模具的步骤，对模具进行仿真开模，并对每一步进行是否与静态零件相干涉的检测。

由于每个产品所需的精确模具设计流程并不完全一样，以上过程只是 Pro/ENGINEER 模具设计的基本流程。设计中还需要对模具模型进行检测以及需要设计浇口、流道和水线等特征，这些内容会在后续项目中学习。

三、项目实施

（一）软件界面的识读

启动 Pro/ENGINEER 4.0 进入模具模块后，Pro/ENGINEER 4.0 的主界面如图 1-2 所示，主要由标题栏、菜单栏、工具栏、菜单管理器、图形窗口、状态栏、消息区、模型树组成。

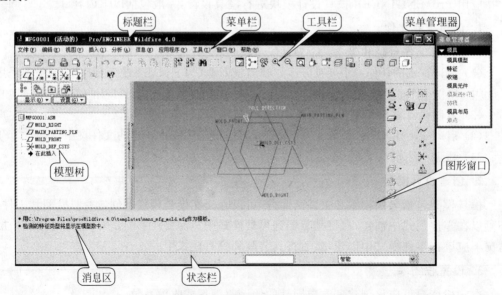

图 1-2　模具模块下的主界面

1. 标题栏

标题栏位于界面最上方,包括窗口的"最小化"、"最大化"和"关闭"按钮,并且显示了软件的版本、当前使用的模块及文件的名称等。

2. 菜单栏和工具栏

菜单栏和工具栏提供一个调用 Pro/E 各项功能的快捷方式。

3. 菜单管理器

菜单管理器位于主窗口的右上侧,是一系列用来启动某项命令的层叠菜单。

4. 图形窗口

图形窗口用来显示模型、基准平面、坐标系等,窗口中的双线黄色箭头为参考开模方向。模具型腔的基准平面与零件模式的在名称上有所不同,增加了"MOLD"。

5. 状态栏

状态栏用来显示软件当前工作状态。

6. 消息区

消息区用来显示当前操作状态的提示信息,指导用户操作。

7. 模型树

模型树用来显示组件文件名称,并在名称下显示所包括的零件文件。

(二) Pro/E 模具设计的基本流程

对于图 1-1 所示的塑件 box 产品,Pro/E 模具设计的基本流程如下。

1. 创建模具文件

(1) 在计算机的 D 盘中,建立一个新的文件夹"box_mold"。

(2) 将光盘文件路径"项目一/prt"下的文件"box.prt"复制到该文件夹中。

(3) 启动 Pro/E 4.0 后,单击主菜单中的"文件"→"设置工作目录"命令,打开"选取工作目录"对话框。然后通过"查找范围"下拉列表框,改变工作目录到"box_mold"文件夹。

(4) 创建一个新的模具文件。单击工具栏中的 图标按钮,打开"新建"对话框,如图 1-3 所示。在打开的"新建"对话框中选中"类型"区域中的"制造",子类型为"模具型腔"。输入文件名称"box_mold",取消对"使用缺省模板"复选项的勾选,然后单击对话框底部的 确定 按钮。打开"新文件选项"对话框,如图 1-4 所示。在打开的"新文件选项"对话框中选择"mmns_mfg_mold"作为文件的模板,然后单击 确定 按钮打开模具设计界面。

2. 建立模具模型

(1) 装配参照零件

① 在菜单管理器中依次选取"模具"→"模具模型"→"装配"→"参照模型"选项,如图 1-5 所示。这时系统将打开先前设置的工作目录,选中参照零件"box.prt"文件,单击 打开 按钮,将其导入,如图 1-6 所示。

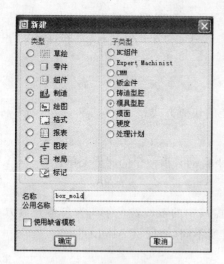

图 1-3 "新建"对话框

图 1-4 "新文件选项"对话框

图 1-5 装配参照零件菜单

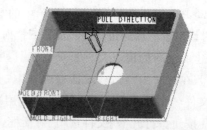

图 1-6 导入参照零件

② 选取参照零件的底面,然后选取模具组件基准平面 MAIN_PARTING_PIN,设置装配约束为"匹配",完成第一组约束。

③ 选取参照零件的基准平面 FRONT,然后选取模具组件基准平面 MOLD_FRONT,设置装配约束为"匹配",完成第二组约束。

④ 选取参照零件的基准平面 RIGHT,然后选取模具组件基准平面 MOLD_

PRIGHT,设置装配约束为"对齐",完成第三组约束。完成约束后的模型如图1-7所示,单击鼠标中键退出装配模式。系统打开"创建参照模型"对话框,如图1-8所示,单击 确定 按钮,接受默认设置,系统弹出"警告"对话框(注意:也可能不会出现该"警告"对话框)。单击 确定 按钮,接受绝对精度值的设置。在"模具模型"菜单中单击"完成/返回"选项,完成装配参照模型。

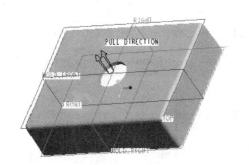

图1-7　装配参照零件

图1-8　"创建参照模型"对话框

(2) 设置收缩率

如图1-9所示,在菜单管理器中依次选取"模具"→"收缩"→"按比例"选项,打开"按比例收缩"对话框,选取参照零件坐标系PRT_CSYS_DEF作为参照,输入收缩率"0.005"后按Enter键,如图1-10所示,单击对话框底部的 ☑ 图标按钮完成收缩率设置。在"收缩"下拉菜单中选取"完成/返回"选项,返回"模具"菜单。

图1-9　"收缩"下拉菜单

图1-10　"按比例收缩"对话框

(3) 创建工件

① 如图1-11所示,在菜单管理器中依次选取"模具模型"→"创建"→"工件"→"手动"选项,打开"元件创建"对话框,接受其中的默认设置,输入元件名称"workpiece",然后单击 确定 按钮,如图1-12所示。

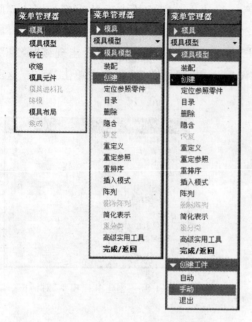

图 1-11　创建工件下拉菜单　　　　　　　图 1-12　"元件创建"对话框

② 在打开的"创建选项"对话框中选取"创建特征"选项后单击 确定 按钮，如图 1-13 所示。

③ 在菜单管理器中选取"特征操作"→"实体"→"加材料"选项，打开"实体选项"菜单，选取"拉伸"→"实体"→"完成"选项，打开"拉伸"操控面板。

④ 在窗口空白处单击鼠标右键，在弹出的快捷菜单中选取"定义内部草绘"选项，如图 1-14 所示。选取基准平面 MAIN_PARTING_PIN 作为草绘平面，接受默认的视图方向参照，单击鼠标中键进入二维草绘模式。

图 1-13　"创建选项"对话框　　　　　　　图 1-14　草绘快捷菜单

⑤ 选取基准平面 MOLD_FRONT 和 MOLD_PRIGHT 参照平面，绘制如图 1-15 所示的二维截面，并单击"草绘工具"工具栏中的 ✓ 图标按钮，完成草绘操作，返回"拉伸"

操控面板。

　　⑥ 在"拉伸"操控面板上单击 选项 按钮打开深度面板，设置第一侧和第二侧的拉伸深度分别为"40"和"20"，如图1-16所示。单击操控面板右侧的 ✓ 图标按钮，完成拉伸操作。在下拉菜单中单击两次"完成/返回"选项返回"模具"主菜单。完成的工件如图1-17所示。

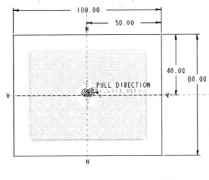

图1-15　二维截面

图1-16　拉伸深度

3. 创建分模面

　　(1) 单击"模具"工具栏中的 ▢ 图标按钮，进入创建分型曲面工作界面。

　　(2) 单击主菜单中的"编辑"→"阴影曲面"命令，系统弹出"阴影曲面"对话框，如图1-18所示。

图1-17　创建工件

图1-18　"阴影曲面"对话框

　　(3) 接受对话框中默认的设置，单击对话框底部的 确定 按钮，完成阴影曲面创建操作。

　　(4) 单击主菜单中的"视图"→"可见性"→"着色"命令，着色的分型曲面如图1-19所示。

　　(5) 单击右工具箱中的 ✓ 图标按钮，完成分型曲面的创建。

4. 分模

　　(1) 在右工具箱中单击分割体积块 ▱ 图标按钮，在打开如图1-20所示的"分割体积块"菜单中选取"两个体积块"、"所有工件"和"完成"选项。

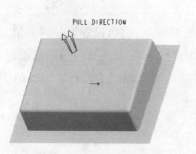

图 1-19　着色分型曲面　　　　　　　　图 1-20　"分割体积块"菜单

（2）如图 1-21 所示，选取上一步创建的分型曲面作为分模面后单击鼠标中键。然后单击如图 1-22 所示的"分割"对话框中的 确定 按钮，完成体积块分割。

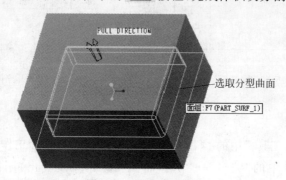

图 1-21　选取分型曲面

（3）在打开的"属性"对话框中输入下模名称"core"，如图 1-23 所示。然后单击 着色 按钮，分割的下模如图 1-24 所示。单击 确定 按钮，再次打开"属性"对话框，输入上模名称"cavity"，然后单击 着色 按钮，分割的上模如图 1-25 所示。单击 确定 按钮完成分割。

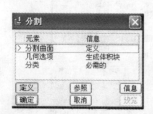

图 1-22　"分割"对话框　　　图 1-23　"属性"对话框　　　图 1-24　下模

（4）如图 1-26 所示，在菜单管理器中依次选取"模具"→"模具元件"→"抽取"选项，系统打开如图 1-27 所示的"创建模具元件"对话框。按 Ctrl 键，在"创建模具元件"对话框中选取"CAVITY"和"CORE"。单击 确定 按钮完成模具元件的抽取。在下拉菜单中选取"完成/返回"选项，返回"模具"主菜单。

5．填充

如图 1-28 所示，在菜单管理器中依次选取"模具"→"铸模"→"创建"选项，并在消息区中的文本框输入零件名称"cr"，单击鼠标中键完成铸模的创建。

图 1-25 上模   图 1-26 "模具元件"菜单

图 1-27 "创建模具元件"对话框   图 1-28 "铸模"菜单

6. 开模

（1）在工具栏中单击 ![icon] 图标按钮，打开"遮蔽-取消遮蔽"对话框，如图 1-29 所示。单击 分型面 按钮，打开相应的选项栏，依次单击 ▤（▤图标按钮用于选取所有对象）和 遮蔽 按钮，遮蔽分型曲面。然后单击 元件 按钮，打开相应的选项栏，按住 Ctrl 键不放，选取"WORKPIECE"和"BOX_MOLD_REF_1"，如图 1-30 所示，单击 遮蔽 按钮和 关闭 按钮，遮蔽工件和参照零件。

图 1-29 "遮蔽-取消遮蔽"对话框   图 1-30 遮蔽工件

（2）在"模具"主菜单中依次选取"模具进料孔"→"定义间距"→"定义移动"选项，选取如图1-31所示的"cavity"元件作为移动部件，单击鼠标中键确认。

（3）在图形窗口中选取如图1-31所示的边，此时在"cavity"元件上会出现一个红色箭头，表示移动的方向。

（4）在消息区的文本框中输入数值"60"，然后单击右侧的 ☑ 图标按钮，返回"定义间距"菜单。

（5）单击"定义间距"菜单中的"完成"命令，返回"模具孔"菜单。此时，"cavity"元件将向上移动，如图1-32所示。

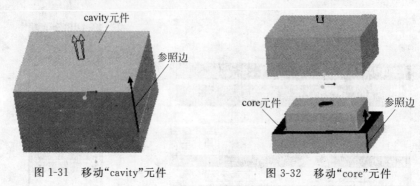

图 1-31   移动"cavity"元件   图 3-32   移动"core"元件

（6）继续在"模具孔"菜单中依次选取"定义间距"→"定义移动"选项，在图形窗口中选取图1-32中所示的"core"元件作为移动部件，单击鼠标中键确认。

（7）在图形窗口中选取图1-32中所示的边，此时在"core"元件上会出现一个红色箭头，表示移动的方向。

（8）在消息区的文本框中输入数值"－40"，然后单击右侧的 ☑ 图标按钮，返回"定义间距"菜单。

（9）单击"定义间距"菜单中的"完成"命令，返回"模具孔"菜单。此时，"core"元件将向下移动。

（10）单击"模具孔"菜单中的"分解"命令，此时所有的元件将回到移动前的位置。系统同时弹出"逐步"菜单。

（11）单击"逐步"菜单中的"打开下一个"命令，系统将打开"cavity"元件，如图1-33所示。

（12）再次单击"逐步"菜单中的"打开下一个"命令，系统将打开"core"元件，如图1-34所示。

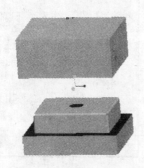

图 1-33   打开"cavity"元件   图 1-34   打开"core"元件

四、项目总结

本项目通过塑件 box 模具的 Pro/E 模具设计,介绍了 Pro/E 模具模式下的界面组成和模具设计基本流程。Pro/E 模具设计主要是指模芯的分模设计,包括拆分前后模、滑块和镶件等,这是一套模具的核心部分。除此之外,Pro/E 模具模块还具有拔模检测、厚度检测、分型面分析和模流分析等功能,并可进行浇注系统、冷却水道、顶针孔等部分设计,后面的项目会进行介绍。

Pro/E 模具设计基本流程如图 1-35 所示。

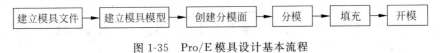

图 1-35 Pro/E 模具设计基本流程

通过本项目的学习,读者能够认识模具模式下的主界面,初步掌握 Pro/ENGINEER 模具设计基本流程。

五、学生练习项目

1. Pro/E 模具设计过程可分为几个步骤?
2. 参照模型、设计零件与模具模型之间有什么联系和不同?
3. 利用附盘文件"项目一/ex/ex1-1/ex1-1. prt",对图 1-36 所示的产品进行模具设计。
4. 利用附盘文件"项目一/ex/ex1-2/ex1-2. prt",对图 1-37 所示的产品进行模具设计。

图 1-36 练习项目 1 图   图 1-37 练习项目 2 图

操作提示

练习项目 1

1. 创建模具文件

(1)在计算机的 D 盘中,建立一个新的文件夹"ex1-1_mold"。

(2)将光盘文件路径"项目一/ex/ex1-1"下的文件"ex1-1. prt"复制到该文件夹中。

(3)启动 Pro/E 4.0 后,单击主菜单中的"文件"→"设置工作目录"命令,打开"选取工作目录"对话框,然后通过"查找范围"下拉列表框,改变工作目录到"ex1-1_mold"文件夹。

（4）创建一个新的模具文件。单击工具栏中的 📄 图标按钮,打开"新建"对话框。在打开的"新建"对话框中选中"类型"区域中的"制造",子类型为"模具型腔"。输入文件名称"ex1-1_mold",取消对"使用缺省模板"复选项的勾选,然后单击对话框底部的 确定 按钮。打开"新文件选项"对话框。在打开的"新文件选项"对话框中选择"mmns_mfg_mold"作为文件的模板,然后单击 确定 按钮打开模具设计界面。

2. 建立模具模型

（1）装配参照零件

① 在菜单管理器中依次选取"模具"→"模具模型"→"装配"→"参照模型"选项。选中参照零件"ex1-1.prt"文件,单击 打开 按钮,将其导入。

② 选取参照零件的底面,然后选取模具组件基准平面 MAIN_PARTING_PIN,设置装配约束为"匹配",完成第一组约束。

③ 选取参照零件的基准平面 FRONT,然后选取模具组件基准平面 MOLD_FRONT,设置装配约束为"对齐",完成第二组约束。

④ 选取参照零件的基准平面 RIGHT,然后选取模具组件基准平面 MOLD_PRIGHT,设置装配约束为"对齐",完成第三组约束。

（2）设置收缩率

在菜单管理器中依次选取"模具"→"收缩"→"按比例"选项,打开"按比例收缩"对话框,选取参照零件坐标系 PRT_CSYS_DEF 作为参照,输入收缩率"0.005"后按 Enter 键,单击对话框底部的 ✓ 按钮完成收缩率设置。

（3）创建工件

① 在菜单管理器中依次选取"模具模型"→"创建"→"工件"→"手动"选项,打开"元件创建"对话框,接受其中的默认设置,输入元件名称"workpiece",然后单击 确定 按钮。

② 在打开的"创建选项"对话框中选取"创建特征"选项后单击 确定 按钮。

③ 在菜单管理器中选取"特征操作"→"实体"→"加材料"选项,打开"实体选项"菜单,选取"拉伸"→"实体"→"完成"选项,打开"拉伸"操控面板。

④ 在窗口空白处单击鼠标右键,在弹出的快捷菜单中选取"定义内部草绘"选项。选取基准平面 MAIN_PARTING_PIN 作为草绘平面,接受默认的视图方向参照,单击鼠标中键进入二维草绘模式。

⑤ 选取基准平面 MOLD_FRONT 和 MOLD_PRIGHT 参照平面,绘制如图 1-38 所示的二维截面,并单击"草绘工具"工具栏中的 ✓ 图标按钮,完成草绘操作,返回"拉伸"操控面板。

⑥ 在"拉伸"操控面板上单击 选项 按钮,打开深度面板,设置第一侧和第二侧的拉伸深度分别为"12"和"10",单击操控面板右侧的 ✓ 图标按钮,完成拉伸操作。在下拉菜单中单击两次"完成/返回"

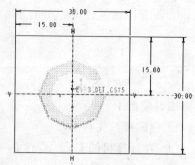

图 1-38　二维截面

选项返回"模具"主菜单。完成的工件如图 1-39 所示。

3. 创建分模面

(1) 单击"模具"工具栏中的 图标按钮,进入创建分型曲面工作界面。

(2) 单击主菜单中的"编辑"→"阴影曲面"命令,系统弹出"阴影曲面"对话框。

(3) 接受对话框中默认的设置,单击对话框底部的 确定 按钮,完成阴影曲面创建操作。

(4) 单击主菜单中的"视图"→"可见性"→"着色"命令,着色的分型曲面如图 1-40 所示。

(5) 单击右工具箱中的 ✓ 图标按钮,完成分型曲面的创建。

图 1-39　拉伸结果　　　　　　　　图 1-40　着色的分型面

4. 分模

(1) 在右工具箱中单击分割体积块 图标按钮,在打开的"分割体积块"菜单中选取"两个体积块"、"所有工件"和"完成"选项。

(2) 选取上一步创建的分型曲面作为分模面后单击鼠标中键,然后单击"分割"对话框中的 确定 按钮,完成体积块分割。

(3) 在打开的"属性"对话框中输入下模名称"core",然后单击 着色 按钮,分割的下模如图 1-41 所示。单击 确定 按钮,再次打开"属性"对话框,输入上模名称"cavity",然后单击 着色 按钮,分割的上模如图 1-42 所示。单击 确定 按钮完成分割。

图 1-41　分割的下模　　　　　　　图 1-42　分割的上模

(4) 在菜单管理器中依次选取"模具"→"模具元件"→"抽取"选项,系统打开"创建模具元件"对话框。按住 Ctrl 键,在"创建模具元件"对话框中选取"cavity"和"core"。单击 确定 按钮完成模具元件的抽取。在下拉菜单中选取"完成/返回"选项返回"模具"主菜单。

5. 填充

在"菜单管理器"中依次选取"模具"→"铸模"→"创建"选项,并在消息区中的文本框输入零件名称"cr",单击鼠标中键完成铸模的创建。

6. 开模

(1) 在工具栏中单击 🔾 图标按钮,打开"遮蔽-取消遮蔽"对话框,单击 分型面 按钮打开相应的选项栏,依次单击 ☰ 和 遮蔽 按钮,遮蔽分型曲面。然后单击 元件 按钮打开相应的选项栏,按住 Ctrl 键不放,选取"WORKPIECE"和"EX1-1_MOLD_REF_1",单击 遮蔽 按钮和 关闭 按钮,遮蔽工件和参照零件。

(2) 在"模具"主菜单中依次选取"模具进料孔"→"定义间距"→"定义移动"选项,选取"cavity"元件作为移动部件,在消息区的文本框中输入数值"30",然后单击右侧的 ✓ 按钮,返回"定义间距"菜单。

(3) 单击"定义间距"菜单中的"完成"命令,返回"模具孔"菜单。此时,"cavity"元件将向上移动,如图 1-43 所示。

(4) 继续在"模具孔"菜单中依次选取"定义间距"→"定义移动"选项,在图形窗口中选取"core"元件作为移动部件,在消息区的文本框中输入数值"－30",然后单击右侧的 ✓ 图标按钮,返回"定义间距"菜单。

(5) 单击"定义间距"菜单中的"完成"命令,返回"模具孔"菜单。此时,"core"元件将向下移动,如图 1-44 所示。

图 1-43　"cavity"元件上移　　　　图 1-44　"core"元件下移

练习项目 2

1. 创建模具文件

(1) 在计算机的 D 盘中,建立一个新的文件夹"ex1-2_mold"。

(2) 将光盘文件路径"项目一/ex/ex1-2"下的文件"ex1-2.prt"复制到该文件夹中。

(3) 启动 Pro/E 4.0 后,单击主菜单中的"文件"→"设置工作目录"命令,打开"选取工作目录"对话框。然后通过"查找范围"下拉列表框,改变工作目录到"ex1-2_mold"文件夹。

(4) 创建一个新的模具文件。单击工具栏中的 🗋 图标按钮,打开"新建"对话框。在打开的"新建"对话框中选取"类型"区域中的"制造",子类型为"模具型腔"。输入文件名称"ex1-2_mold",取消对"使用缺省模板"复选项的勾选,然后单击对话框底部的 确定 按钮。打开"新文件选项"对话框。在打开的"新文件选项"对话框中选择"mmns_mfg_mold"作为文件的模板,然后单击 确定 按钮打开模具设计界面。

2. 建立模具模型

（1）装配参照零件

① 在菜单管理器中依次选取"模具"→"模具模型"→"装配"→"参照模型"选项。选中参照零件"ex1-2.prt"文件，单击 打开 按钮，将其导入。

② 选取参照零件的底面，然后选取模具组件基准平面 MAIN_PARTING_PIN，设置装配约束为"匹配"，完成第一组约束。

③ 选取参照零件的基准平面 FRONT，然后选取模具组件基准平面 MOLD_FRONT，设置装配约束为"对齐"，完成第二组约束。

④ 选取参照零件的基准平面 TOP，然后选取模具组件基准平面 MOLD_PRIGHT，设置装配约束为"匹配"，完成第三组约束。

（2）设置收缩率

在菜单管理器中依次选取"模具"→"收缩"→"按比例"选项，打开"按比例收缩"对话框，选取参照零件坐标系 PRT_CSYS_DEF 作为参照，输入收缩率"0.005"后按 Enter 键，单击对话框底部的 ✓ 图标按钮完成收缩率设置。

（3）创建工件

① 在菜单管理器中依次选取"模具模型"→"创建"→"工件"→"手动"选项，打开"元件创建"对话框，接受其中的默认设置，输入元件名称"workpiece"，然后单击 确定 按钮。

② 在打开的"创建选项"对话框中选取"创建特征"选项后单击 确定 按钮。

③ 在菜单管理器中选取"特征操作"→"实体"→"加材料"选项，打开"实体选项"菜单，选取"拉伸"→"实体"→"完成"选项，打开"拉伸"操控面板。

④ 在窗口空白处单击鼠标右键，在弹出的快捷菜单中选取"定义内部草绘"选项。选取基准平面 MAIN_PARTING_PIN 作为草绘平面，接受默认的视图方向参照，单击鼠标中键进入二维草绘模式。

⑤ 选取基准平面 MOLD_FRONT 和 MOLD_PRIGHT 参照平面，绘制如图 1-45 所示的二维截面，并单击"草绘工具"工具栏中的 ✓ 图标按钮，完成草绘操作，返回"拉伸"操控面板。

⑥ 在"拉伸"操控面板上单击 选项 按钮打开深度面板，设置第一侧和第二侧的拉伸深度分别为"60"和"20"，单击操控面板右侧的 ✓ 图标按钮，完成拉伸操作。在下拉菜单中单击两次"完成/返回"选项返回"模具"主菜单。完成的工件如图 1-46 所示。

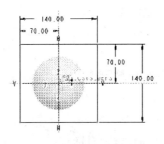

图 1-45　绘制二维截面

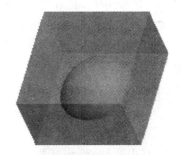

图 1-46　创建拉伸特征

3. 创建分模面

（1）单击"模具"工具栏中的 ▱ 图标按钮，进入创建分型曲面工作界面。

（2）单击主菜单中的"编辑"→"阴影曲面"命令，系统弹出"阴影曲面"对话框。

（3）接受对话框中默认的设置，单击对话框底部的 确定 按钮，完成阴影曲面创建操作。

（4）单击主菜单中的"视图"→"可见性"→"着色"命令，着色的分型曲面如图 1-47 所示。

（5）单击右工具箱中的 ✓ 图标按钮，完成分型曲面的创建。

4. 分模

（1）在右工具箱中单击分割体积块 ⊟ 图标按钮，在打开的"分割体积块"菜单中选取"两个体积块"、"所有工件"和"完成"选项。

图 1-47　创建分模面

（2）选取上一步创建的分型曲面作为分模面后单击鼠标中键，然后单击"分割"对话框中的 确定 按钮，完成体积块分割。

（3）在打开的"属性"对话框中输入下模名称"core"，然后单击 着色 按钮，分割的下模如图 1-48 所示。单击 确定 按钮，再次打开"属性"对话框，输入上模名称"cavity"，然后单击 着色 按钮，分割的上模如图 1-49 所示。单击 确定 按钮完成分割。

图 1-48　分割的下模

图 1-49　分割的上模

（4）在菜单管理器中依次选取"模具"→"模具元件"→"抽取"选项，系统打开"创建模具元件"对话框。按住 Ctrl 键，在"创建模具元件"对话框中选取"cavity"和"core"。单击 确定 按钮完成模具元件的抽取。在下拉菜单中选取"完成/返回"选项，返回"模具"主菜单。

5. 填充

在菜单管理器中依次选取"模具"→"铸模"→"创建"选项，并在消息区中的文本框输入零件名称"cr"，单击鼠标中键完成铸模的创建。

6. 开模

（1）在工具栏中单击 ⬚ 图标按钮，打开"遮蔽-取消遮蔽"对话框，单击 ▱分型面 按钮，打开相应的选项栏，依次单击 ☰ 按钮和 遮蔽 按钮，遮蔽分型曲面。然后单击 ▢元件 按钮打开相应的选项栏,按住 Ctrl 键不放,选取"WORKPIECE"和"EX1-2_MOLD_REF_1",单击 遮蔽 按钮和 关闭 按钮,遮蔽工件和参照零件。

（2）在"模具"主菜单中依次选取"模具进料孔"→"定义间距"→"定义移动"选项,选取"cavity"元件作为移动部件,在消息区的文本框中输入数值"80",然后单击右侧的 ✓ 图标按钮,返回"定义间距"菜单。

（3）单击"定义间距"菜单中的"完成"命令,返回"模具孔"菜单。此时,"cavity"元件将向上移动,如图 1-50 所示。

（4）继续在"模具孔"菜单中依次选取"定义间距"→"定义移动"选项,在图形窗口中选取"core"元件作为移动部件,在消息区的文本框中输入数值"－60",然后单击右侧的 ✓ 图标按钮。单击"定义间距"菜单中的"完成"命令,返回"模具孔"菜单。此时,"core"元件将向下移动,如图 1-51 所示。

图 1-50　"cavity"元件上移　　　　图 1-51　"core"元件下移

创建模具模型

教学目标

本项目可使学生在 Pro/E 模具设计模式下，实施创建模具模型的工作过程。要求掌握布局参照模型、设置收缩率及创建工件的方法。

一、项目介绍

该项目包含两个任务。

任务 1：对图 2-1 所示塑件 shell，采用定位参照零件的方式，布局参照模型。利用自动创建工件的方法创建工件。

任务 2：对图 2-2 所示塑件 ashyray，采用装配参照模型的方式，布局参照模型。利用手动创建工件的方法创建工件。

图 2-1　塑件 shell

图 2-2　塑件 ashyray

二、相关知识

Pro/E 模具设计首先要创建模具模型。模具模型包括参照模型和工件两部分。

（一）布局参照模型

参照模型是将设计零件装配到模具模式中时，系统自动生成的零件模型。图 2-1 塑件 shell 和图 2-2 塑件 ashyray 是设计零件，将它们装配到模具模式下，系统自动生成的零件模型就是参照模型。参照模型与设计零件的关系取决于创建参照模型时使用的方法。Pro/E 模具设计中，布局参照模型可以采用定位参照模型和装配参照模型两种方式。

1. 定位参照模型

定位参照模型可以使用菜单管理器中的菜单，也可以使用如图 2-3 所示的工具栏中的工具，该工具栏位于主窗口的右侧。

单击工具栏中的布置零件工具 图标按钮，或选取菜单管理器中"模具模型"→"定位参照零件"选项，系统弹出如图 2-4 所示的"布局"对话框。对话框中各选项功能介绍如下。

图 2-3 "模具"工具栏   图 2-4 "布局"对话框

（1） 按钮

系统弹出"布局"对话框的同时，会自动选择 图标按钮，系统弹出"打开"对话框。如果设计零件在工作目录下，对话框中就显示设计零件的图标。在对话框中双击设计零件，系统会弹出如图 2-5 所示的"创建参照模型"对话框。通过该对话框可以选择创建参照模型的方法。通过对话框中的三个选项，可以选取创建参照模型的方法。

① 按参照合并。采用这种方法，系统会复制一个与设计零件相同的零件作为参照模型。在这种情况下，可将收缩应用到参照模型中，并可创建拔模、倒圆角及其他特征。这些在参照模型中创建的特征不会影响设计零件。但是在设计零件中进行的任何改变都自动在参照模型中反映出来。

图 2-5 "创建参照模型"对话框

② 同一模型。选用此项时，系统会将设计零件指定为参照模型，此时它们成为相同模型。

③ 继承。选择该选项时，创建的参照模型继承了所选择设计零件的特征，后续对参照模型的修改并不影响设计模型，但设计零件的任何变化会自动在参照模型中反映出来。

（2）"参照模型起点与定向"区域

选取创建参照模型的方法后，单击"创建参照模型"对话框中的 [确定] 按钮，返回到"布局"对话框。

"参照模型起点与定向"区域，用于指定参照模型的起点与方向。单击 图标按钮，系统弹出如图 2-6 所示的"得到坐标系"菜单，并且会自动打开另一个窗口。在该窗口内显示了参照模型，可以选取参照模型坐标系，用于指定参照模型的起点与方向。

单击"坐标系类型"中的"动态"命令，打开如图 2-7 所示的"参照模型方向"对话框。在对话框中可以改变参照模型的位置和方向，还可以根据当前坐标系方向计算投影面积和进行拔模检测。

注意：在图形窗口中用双组黄色箭头来表示默认的拖动方向，可以将其作为开模方向。参照模型正确的位置应该是分模面朝 Z 轴正向。

图 2-6 "得到坐标系"菜单

图 2-7 "参照模型方向"对话框

（3）"布局起点"区域

单击 图标按钮，可以选取一个坐标系，用于指定布局起点。

（4）"布局"区域

该区域可以使用以下四种规则对参照模型进行布局。

① 单个：只创建一个参照模型，为默认选项。

② 矩形：可以在矩形布置中放置参照模型。

③ 圆形：可以在圆形布置中放置参照模型。

④ 可变：可以根据用户定义的阵列表，在 X 和 Y 方向放置参照模型。

2. 装配参照模型

装配参照模型的方法是：依次选取菜单管理器中的"模具模型"→"装配"→"参照模型"选项，在弹出的"打开"对话框中选取设计零件，单击 `打开` 按钮（也可以双击设计零件，将其打开）。然后在"元件放置"操控面板中，设置约束条件，将其装配到模具模式中。

（二）设置收缩

由于塑件在冷却和固化时会产生收缩，将收缩率应用到参照模型中，就可以按照与模具成形过程的收缩量成比例的值来增加参照模型的尺寸。在开始模具设计之前，应对收缩进行设置。在一般情况下应该创建各方向同性的比例收缩率或收缩系数。设置收缩有以下两种方法。

1. 按比例

相对于一个坐标系来按比例收缩零件几何，可为每个坐标系指定不同的收缩因子，它将影响参照模型。设置收缩因子时要根据模具的特性选择收缩。输入一个正收缩可增加尺寸值，输入一个负收缩可减小尺寸值，一般刚性模具常选用的收缩率为 0.005。

在菜单管理器中依次选取"模具"→"收缩"→"按比例"选项，或单击工具栏中的 图标按钮，系统打开如图 2-8 所示的"按比例收缩"对话框。该对话框中各选项功能如下。

（1）"公式"区域：用于指定计算收缩的公式，有两个选项。

图 2-8 "按比例收缩"对话框

① `1+S` 图标按钮：用于指定收缩因子基于模型的原始几何，为默认选项。公式中的"S"代表收缩因子。

② `1/1-S` 图标按钮：用于指定收缩因子基于模型的生成几何。

（2） 图标按钮：选取坐标系用于收缩特征。

（3）"类型"区域：指定收缩类型，包括以下两个选项。

① 各向同性的：选中该选项，可以对 X、Y 和 Z 方向设置相同的收缩率。取消该选项，可以对 X、Y 和 Z 方向设置不同的收缩率。在一般情况下应该创建各方向同性的比例收缩率。

② 前参照：选中该选项时，收缩不会创建新几何，但会更改现有几何，从而使全部现有参照继续保持为模型的一部分。反之，系统会为要在其上应用收缩的零件创建新几何。

（4）"收缩率"文本框：用于输入收缩率的值。

2. 按尺寸收缩

为所有模型尺寸设置一个系数，并为单个尺寸指定收缩系数。系统将把此收缩应用到参照模型中。

在菜单管理器中依次选取"模具"→"收缩"→"按尺寸"选项,或单击工具栏中的 图标按钮,系统打开如图 2-9 所示的"按尺寸收缩"对话框。该对话框中各选项功能如下。

(1)"公式"区域:用于指定计算收缩的公式。

(2)"收缩选项"区域:用于控制是否将收缩应用到设计零件中。在默认情况下,系统会自动选中"更改设计零件尺寸"复选框,将收缩应用到设计零件中。

(3)"收缩率"区域:用于选取要应用收缩特征的尺寸及其他参数等。

① 按钮:单击该按钮,可以选取要应用收缩的零件的尺寸。所选尺寸会显示在"收缩率"列表中。在"比率"列中可以为尺寸确定一个收缩率,或者在"终值"列中,指定收缩尺寸所具有的值。

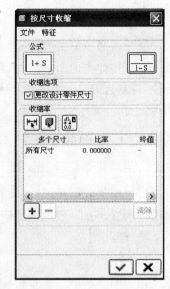

图 2-9 "按尺寸收缩"对话框

② 按钮:单击该按钮,可以选取要应用收缩的零件的特征。所选特性的全部尺寸会分别作为独立的行显示在"收缩率"列表中。在"比率"列中可以为尺寸确定一个收缩率,或者在"终值"列中,指定收缩尺寸所具有的值。

③ 按钮:单击该按钮,可以在显示尺寸的数字值或符号名称之间切换。

3. 查看收缩信息

在菜单管理器中依次选取"模具"→"收缩"→"收缩信息"选项,系统弹出如图 2-10 所示的信息窗口。窗口中显示了当前的收缩信息。

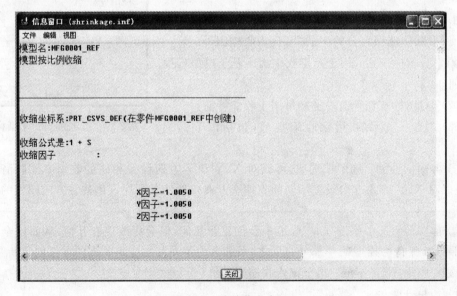

图 2-10 收缩信息窗口

（三）创建工件

工件表示直接参与塑件或铸件成形的模具元件总体积。创建工件有自动创建和手工创建两种方法。

1. 自动工件

自动工件用于根据参照模型的大小和位置创建工件。工件的初始大小是由参照模型的边界框大小决定的。对于有多个参照模型的情况，系统将用包括所有参照模型的单个边界框来创建工件。工件的位置取决于参照模型的 X、Y 和 Z 坐标，矩形工件使用其边界框的中心作为其中心，而圆柱形工件使用所选的坐标系中心作为其中心。工件的方向是由模具模型或模具组件坐标系（模具原点）决定的。

在菜单管理器中依次选取"模具模型"→"创建"→"工件"→"自动"选项，或单击工具栏中的 🗁 图标按钮，系统弹出如图 2-11 所示的"自动工件"对话框。该对话框中各个选项的功能如下。

（1）"参照模型"区域：该区域用于选取参照模型，单击 ▣ 图标按钮，系统将弹出"选取"对话框，可以在图形窗口中选取参照模型。

在默认情况下，在打开"自动工件"对话框后，系统会自动选取参照零件，并选择"模具原点"区域中的 ▣ 图标按钮，要求选取一个坐标系来确定工件方向。

（2）选择"模具原点"区域：用于选取一个坐标系来确定工件方向。

（3）"形状"区域：用于指定工件的形状，包含以下三个选项。

① 🞑 图标按钮：用于创建标准矩形工件，为系统默认选项。

② 🞑 图标按钮：用于创建标准圆柱形工件。

③ 🞑 图标按钮：用于创建定制工件。

图 2-11 "自动工件"对话框

（4）"偏移"区域：用于指定要添加到工件尺寸中的偏距值。可以指定统一的偏距值，还可以分别指定 X、Y 和 Z 方向上的偏距值。

（5）"整体尺寸"区域：用于指定工件的外形尺寸。

（6）"平移工件"区域：可以相对于模具组件坐标系来移动工件坐标系的 X 和 Y 方向。

提示：用户在安装 Pro/E 软件时，必须选择"Mold Component Catalog"选项，才能使用"自动工件"功能。

2. 手工创建工件

自动创建工件只能创建简单的矩形或圆柱形工件,要创建其他形状的工件,则只能手工创建。

手工创建工件的方法是:在菜单管理器中依次选取"模具模型"→"创建"→"工件"→"手动"选项,然后根据设计零件形状利用拉伸、旋转等创建实体的方法创建工件。

三、项目实施

(一)任务一:对塑件 shell 布局参照模型

对图 2-1 所示塑件 shell,采用定位参照模型的方式,布局参照模型。利用自动创建工件的方法创建工件。

1. 布局参照模型

(1) 设置工作目录。在 D 盘中建立一个新的文件夹"shell_mold",将光盘文件路径"项目二/2-1"下的文件"shell.prt"复制到文件夹"shell_mold"中。启动 Pro/E 后,单击主菜单中的"文件"→"设置工作目录"命令,打开"选取工作目录"对话框。然后通过"查找范围"下拉列表框,改变工作目录到"shell_mold"文件夹。

(2) 创建一个新的项目文件。单击工具栏中的 图标按钮,打开"新建"对话框。在打开的"新建"对话框中选中"类型"区域中的"制造",子类型为"模具型腔"。输入文件名称"shell_mold",取消对"使用缺省模板"复选项的勾选,然后单击对话框底部的 确定 按钮。打开"新文件选项"对话框。在打开的"新文件选项"对话框中选择"mmns_mfg_mold"作为文件的模板,然后单击 确定 按钮打开模具设计界面。

(3) 单击工具栏中的布置零件工具 图标按钮,系统弹出"布局"对话框。同时会自动选择 按钮,系统弹出"打开"对话框。

由于设计零件 shell.prt 已经在工作目录下,对话框中就显示设计零件 shell.prt 的图标。在对话框中双击设计零件,在"创建参照模型"对话框中选择默认的"按参照合并"创建参照模型的方法。然后单击对话框底部的 确定 按钮,返回"布局"对话框。

(4) 单击对话框底部的 预览 按钮,参照模型在图形窗口中的位置如图 2-12 所示。

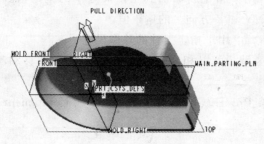

图 2-12　预览参照模型

由于参照模型正确的位置应该是分模面朝 Z 轴正向,根据默认的拖动方向可知,此零件的位置不对,需要重新调整。

图 2-13　"参照模型方向"对话框

（5）单击"参照模型起点与定向"区域的 图标按钮,在弹出的"得到坐标系"菜单中单击"坐标系类型"中的"动态"命令,打开"参照模型方向"对话框。

（6）在对话框中,系统自动选中"坐标系移动/定向"区域中的 按钮和 按钮,表示参照模型的坐标系沿 X 轴旋转。根据参照模型的位置,可以看出参照模型的坐标系沿 X 轴逆时针旋转 90°,就可以调整到正确位置。在"数值"文本框中输入旋转角度"90",如图 2-13 所示。然后单击对话框底部的 确定 按钮,返回"布局"对话框。

（7）单击对话框底部的 确定 按钮,退出对话框。系统弹出"警告"对话框（注意：也可能不会出现该警告）。单击 确定 按钮,接受绝对精度值的设置。在"模具模型"菜单中单击"完成/返回"选项,完成装配参照模型。

2. 设置收缩

（1）单击工具栏中的 图标按钮,系统打开"按比例收缩"对话框。

（2）单击"坐标系"区域中的 图标按钮,并在图形窗口中选取参照模型坐标系 PRT_CSYS_DEF 作为参照,输入收缩率"0.005"后按 Enter 键,单击 图标按钮完成收缩率设置。

3. 创建工件

（1）在导航器上单击"显示"按钮,显示下拉菜单,选中"层树"选项,如图 2-14 所示。

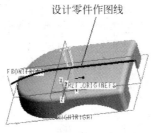

图 2-14　"层树"选项

（2）在层树中指定参照模型 SHELL_MOLD_REF.PRT,用鼠标右键单击图 2-15 所示的设计零件作图线的层,在弹出的快捷菜单中选取"隐藏",以隐藏作图线。

注意：若设计零件中有作图线,在参照模型中要将其隐藏,以方便后续的模具设计。

图 2-15　隐藏设计零件作图线

（3）单击"显示"按钮，显示下拉菜单，选中"模型树"选项，如图 2-16 所示。

（4）单击"设置"按钮，显示下拉菜单，选中"树过滤器"选项，如图 2-17 所示。系统弹出"模型树项目"对话框，如图 2-18 所示。勾选"特征"选项，单击对话框底部的 确定 按钮，退出对话框。

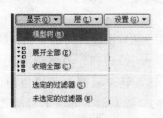

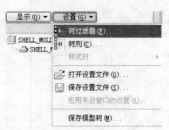

图 2-16　"模型树"选项　　　　　　　　　图 2-17　"树过滤器"选项

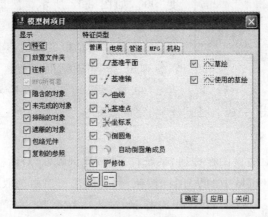

图 2-18　"模型树项目"对话框

（5）单击工具栏中的 图标按钮，打开"自动工件"对话框。

（6）在图形窗口中选取"MOLD_CSYS_DEF"坐标系作为模具原点。

（7）在"整体尺寸"区域输入如图 2-19 所示的尺寸，设置工件的大小。

（8）单击对话框底部的 确定 按钮，退出对话框。创建的工件如图 2-20 所示。

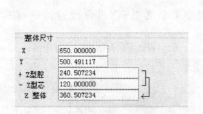

图 2-19　设置工件大小

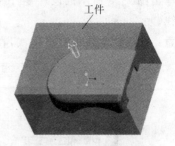

图 2-20　自动创建工件

任务总结

本任务中通过定位参照零件的方式，布局参照模型。介绍了自动创建工件的方法。

（二）任务二：对塑件 ashyray 布局参数模型

对图 2-2 所示塑件 ashyray，采用装配参照模型的方式，布局参照模型。利用手动创建工件的方法创建工件。

1. 布局参照模型

（1）设置工作目录。在 D 盘中建立一个新的文件夹"ashyray_mold"，将光盘文件路径"/项目二/2-2"下的文件"ashyray.prt"复制到文件夹"ashyray_mold"中。启动 Pro/E 后，单击主菜单中的"文件"→"设置工作目录"命令，打开"选取工作目录"对话框。然后通过"查找范围"下拉列表框，改变工作目录到"ashyray_mold"文件夹。

（2）创建一个新的项目文件。单击工具栏中的 □ 图标按钮，打开"新建"对话框。在打开的"新建"对话框中选取"类型"区域中的"制造"，子类型为"模具型腔"。输入文件名称"ashyray_mold"，取消对"使用缺省模板"复选项的勾选，然后单击对话框底部的 确定 按钮。打开"新文件选项"对话框。在打开的"新文件选项"对话框中选择"mmns_mfg_mold"作为文件的模板，然后单击 确定 按钮打开模具设计界面。

（3）在菜单管理器中依次选取"模具"→"模具模型"→"装配"→"参照模型"选项。这时系统将打开先前设置的工作目录，选中参照零件"ashyray.prt"文件，单击 打开 按钮，将其导入。

（4）选取参照零件的底面，然后选取模具组件基准平面 MAIN_PARTING_PIN，设置装配约束为"匹配"，完成第一组约束。

（5）选取参照零件的基准平面 TOP，然后选取模具组件基准平面 MOLD_FRONT，设置装配约束为"对齐"，完成第二组约束。

（6）选取参照零件的基准平面 RIGHT，然后选取模具组件基准平面 MOLD_PRIGHT，设置装配约束为"对齐"，完成第三组约束。单击鼠标中键退出装配模式。系统打开"创建参照模型"对话框。在"创建参照模型"对话框中单击 确定 按钮，接受默认设置，系统弹出"警告"对话框（注意：也可能不会出现该警告）。单击 确定 按钮，接受绝对精度值的设置。在"模具模型"菜单中单击"完成/返回"选项，完成装配参照模型，如图 2-21 所示。

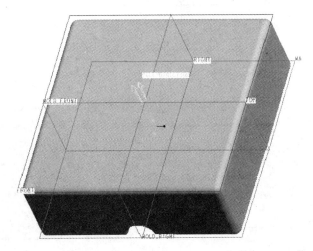

图 2-21　装配参照模型

2. 设置收缩

（1）在菜单管理器中依次选取"模具"→"收缩"→"按比例"选项，系统打开"按比例收缩"对话框。

（2）单击"坐标系"区域中的 图标按钮，并在图形窗口中选取参照模型坐标系 PRT_CSYS_DEF 作为参照，输入收缩率"0.005"后按 Enter 键，单击 图标按钮。

（3）在"模具模型"菜单中单击"完成/返回"选项，完成收缩率设置。

3. 创建工件

（1）在菜单管理器中依次选取"模具模型"→"创建"→"工件"→"手动"选项，打开如图 2-22 所示的"元件创建"对话框。接受其中的默认设置，输入元件名称"workpiece"，然后单击 确定 按钮。

（2）在弹出的"创建选项"对话框中选取"创建特征"选项后单击 确定 按钮。

（3）在菜单管理器中依次选取"特征操作"→"实体"→"加材料"选项，打开"实体选项"菜单，选取"拉伸"→"实体"→"完成"选项，打开"拉伸"操控面板。

图 2-22 "元件创建"对话框

（4）在窗口空白处单击鼠标右键，在弹出的快捷菜单中选取"内部草绘"选项。选取基准平面"MAIN_PARTING_PIN"作为草绘平面，接受默认的视图方向参照，单击鼠标中键进入二维草绘模式。

（5）选取基准平面"MOLD_FRONT"和"MOLD_PRIGHT"为参照平面，绘制如图 2-23 所示的二维截面，并单击"草绘工具"工具栏中的 图标按钮，完成草绘操作，返回"拉伸"操控面板。

（6）在"拉伸"操控面板上单击 选项 按钮打开深度面板，设置第一侧和第二侧的拉伸深度分别为"20"和"15"，单击操控面板右侧的 图标按钮，完成拉伸操作。在下拉菜单中单击两次"完成/返回"选项，返回"模具"主菜单。完成的工件如图 2-24 所示。

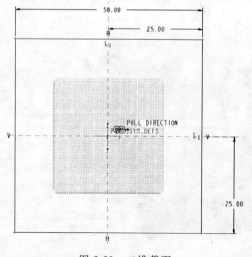

图 2-23 二维截面

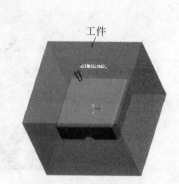

图 2-24 手工创建工件

任务总结

本任务中采用装配参照模型的方式，布局参照模型，介绍了手动创建工件的方法。

四、项目总结

本项目通过两个任务，介绍了 Pro/E 模具设计中参照模型、收缩率及工件等相关概念，实施了创建模具模型的工作任务。

创建模具模型内容包括布局参照模型、设置收缩率、创建工件。Pro/E 模具设计中，可以采用定位参照模型和装配参照模型两种方式布局参照模型，可以通过按比例和按尺寸两种方法设置收缩率，工件可采取自动创建和手工创建两种方法来创建。

通过本项目的学习，读者将能够掌握创建模具模型方法，并完成创建模具模型的任务。

五、学生练习项目

1. 利用附盘文件"项目二/ex/ex2-1/ex2-1. prt"，对图 2-25 所示的产品采用定位参照零件的方式，布局参照模型，然后利用自动创建工件的方法创建工件。

2. 利用附盘文件"项目二/ex/ex2-2/ex2-2. prt"，对图 2-26 所示的产品采用装配参照模型的方式，布局参照模型，然后利用手工创建工件的方法创建工件。

图 2-25　练习项目 1 图

图 2-26　练习项目 2 图

操作提示

练习项目 1

1. 创建模具文件

(1) 在计算机的 D 盘中，建立一个新的文件夹"ex2-1_mold"。

(2) 将光盘文件路径"项目二/ex/ex2-1"下的文件"ex2-1. prt"复制到该文件夹中。

(3) 启动 Pro/E 4.0 后，单击主菜单中的"文件"→"设置工作目录"命令，打开"选取工作目录"对话框，然后通过"查找范围"下拉列表框，改变工作目录到"ex2-1_mold"文件夹。

(4) 创建一个新的模具文件。

2. 建立模具模型

"参照模型方向"设置如图 2-27 所示。

3. 设置收缩

按比例设置收缩率为"0.005"。

4. 创建工件

自动创建工件，尺寸设置如图 2-28 所示。

5. 生成工件

生成工件，如图 2-29 所示。

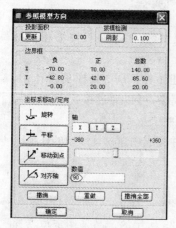

图 2-27　参照模型方向设置

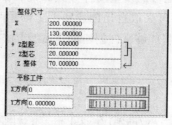

图 2-28　工件尺寸设置

图 2-29　生成工件

练习项目 2

1. 创建模具文件

（1）在计算机的 D 盘中，建立一个新的文件夹"ex2-2_mold"。

（2）将光盘文件路径"项目二/ex/ex2-2/ex2-2. prt"下的文件"ex2-2. prt"复制到该文件夹中。

（3）启动 Pro/E 4.0 后，单击主菜单中的"文件"→"设置工作目录"命令，打开"选取工作目录"对话框，然后通过"查找范围"下拉列表框，改变工作目录到"ex2-2_mold"文件夹。

（4）创建一个新的模具文件。

2. 建立约束

建立约束，如图 2-30 所示。

3. 设置收缩

按比例设置收缩率为"0.005"。

4. 拉伸手动创建工件

拉伸手动创建工件，草绘二维截面如图 2-31 所示。

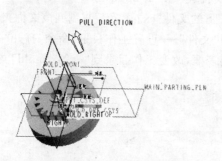

图 2-30　约束设置

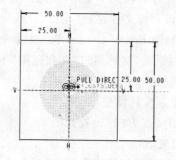

图 2-31　二维截面

5. 拉伸设置

拉伸设置如图 2-32 所示。

6. 生成工件

生成工件如图 2-33 所示。

图 2-32　拉伸设置　　　　　　　图 2-33　生成工件

分型曲面分模法模具设计

教学目标

使学生在 Pro/E 模具设计模式下,实施创建模具分型曲面以及利用分型曲面分模的工作过程,掌握分型曲面创建方法和分型曲面分模模具设计过程。

一、项目介绍

该项目包含三个任务。

任务 1:塑件 shell 模具设计,即对项目二中的塑件 shell,采用复制曲面的方法,创建分型曲面,并利用分型曲面分模,完成模具设计。

任务 2:塑件 ashyray 模具设计,即对项目二中的塑件 ashyray,采用曲面裙边的方式,创建分型曲面,并利用分型曲面分模,完成模具设计。

任务 3:塑件 box 模具设计,即对如图 3-1 所示的塑件 box,采用构建实体曲面集的方法复制曲面,并应用侧面影像修剪的方式,创建分型曲面。利用分型曲面分模,完成模具设计。

图 3-1 塑件 box

二、相关知识

分型曲面是极薄且定义了边界的非实体,用来把工件分割成为模具型腔,如上模、下模、滑块等。

1. 创建分型曲面的两个基本原则

(1) 分型曲面必须与工件完全相交。

(2) 分型曲面不能与其自身相交。

分型曲面的操作包括创建分型曲面、合并分型曲面、修剪分型曲面、延伸分型曲面和修改并重定义分型曲面。

2. 创建分型曲面

单击"模具"工具栏中的 图标按钮,或单击主菜单中的"插入"→"模具几何"→"分型曲面"命令,系统进入创建分型曲面工作界面。

可以使用以下的选项创建分型曲面。

(1) 拉伸:在垂直于草绘平面的方向上,通过将二维截面拉伸到指定深度来创建分型曲面。

(2) 旋转:通过围绕一条中心线,将二维截面旋转一定角度来创建分型曲面。

(3) 边界混合:通过选取在一个或两个方向上定义的曲面的边界来创建分型曲面。

(4) 扫描:通过沿指定轨迹扫描二维截面来创建分型曲面。

(5) 填充:通过绘制边界来创建分型曲面。

(6) 复制:通过复制参照模型的几何形状来创建分型曲面。

(7) 阴影:用光投影技术来创建分型曲面。

(8) 裙边:通过选取曲线并确定拖动方向来创建分型曲面。

(9) 高级:创建复杂曲面。

3. 合并分型曲面

由于分型曲面是由多个曲面特征组成的,因此必须将这些曲面合并为一个面组,否则在以后体积块分割操作中将会失败。在分型曲面中创建的第一个特征称为基本面组,而通过增加、合并等创建的特征称为曲面片。

合并曲面有以下两种方式。

(1) 相交:当两个曲面相交或互相交叉时使用此项,系统创建出相交边界,用户可以指定每个曲面要保留的部分。

(2) 连接:当两个曲面有公共边时使用此项,系统不会计算曲面相交,可以加快运算速度。

4. 修剪分型曲面

修剪分型曲面可以裁剪分型曲面的多余部分,包括以下选项。

(1) 拉伸:通过拉伸已定义的形状使其穿过曲面来修剪曲面。

(2) 旋转:通过旋转已定义的形状使其穿过曲面来修剪曲面。

(3) 扫描:通过沿着已定义的轨迹扫描定义的形状修剪曲面。

(4) 混合:通过在几个已定义的二维截面之间进行连接来修剪曲面。

(5) 使用面组:使用另一面组或基准平面来修剪曲面。

(6) 使用曲线:使用基准曲线来修剪曲面。

(7) 轮廓线:只保留在指定方向上可见的部分曲面。

5. 延伸分型曲面

可以通过将全部或部分现有曲面的边延伸指定的距离或延伸到指定平面的方法来创

建分型曲面。延伸曲面包括以下选项。

（1）相同：创建与原始曲面相同类型的曲面。

（2）相切：创建与原始曲面相切直纹的曲面。

（3）逼近：创建原始曲面的边界边与延伸的边之间的边界混合曲面。

（4）到平面：沿指定平面垂直的方向延伸边界至指定平面。

6. 修改并重定义分型曲面

可以为分型曲面增加新的特征，如曲面、合并、延伸等，还可以重定义分型曲面中的现有特征、修改尺寸等。

以上对分型曲面的操作不是孤立的，创建分型曲面往往需要根据模具特征，组合使用以上方法。下面详细介绍常用的创建分型曲面的方法。

（一）复制曲面创建分型曲面

复制曲面是通过复制参照模型的几何形状来创建分型曲面。由于复制曲面可以参照设计模型的几何形状，所以在模具设计过程中，主要采用复制曲面的方法来创建分型曲面。复制曲面常用构建单个曲面集与构建种子和边界曲面集两种方法。

1. 构建单个曲面集

对于一些形状相对比较简单的零件，可以通过构建单个曲面集来复制曲面。构建单个曲面集的操作步骤如下：

（1）单击"模具"工具栏中的 □ 图标按钮，或单击主菜单中的"插入"→"模具几何"→"分型曲面"命令，系统进入创建分型曲面工作界面。

（2）选取要复制的实体上的面。

（3）单击"编辑"工具栏中的 🖹 图标按钮，然后单击"编辑"工具栏中的 🖺 图标按钮，打开"复制曲面"操作面板。系统即将选取的面创建为单个曲面集。

注意：如果要复制实体上的多个面，则需要按住 Ctrl 键，并单击实体上的多个面，完成多个面的复制。

下面通过一个实例说明通过构建一个单面集创建分型曲面的操作步骤。

实例 3-1　对图 3-2 所示的塑件 example3_1，采用构建单个曲面集→填充→合并的方法创建分型曲面。

操作步骤介绍如下。

（1）建立模型

① 新建一个模具文件 example3_1_mold，将光盘上"项目三/example/example3_1/ example3_1. prt"导入，进行布局。

② 设置收缩率为"0.005"。

③ 创建工件。

（2）构建单个曲面集

① 单击"模具"工具栏中的 □ 图标按钮，或单击主菜单中的"插入"→"模具几何"→

图 3-2　塑件 example3_1

"分型曲面"命令,进入如图 3-3 所示的创建分型曲面工作界面。

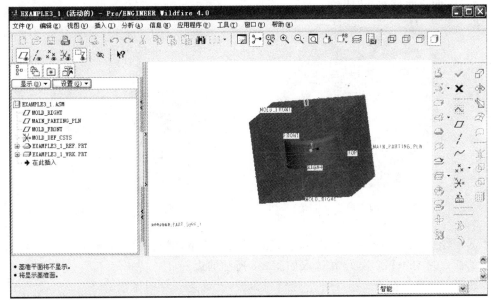

图 3-3　创建分型曲面工作界面

② 在模型树上用鼠标右键单击工件名"EXAMPLE3_1_WRK.PRT",并在弹出的快捷菜单中选择"遮蔽"命令,将工件遮蔽。

提示:将工件遮蔽,以便于复制曲面操作。

③ 单击状态栏中的"过滤器"下拉列表框右侧的 ▼ 图标按钮,在打开的下拉列表中选择"几何"选项。

④ 在图形窗口中选取如图 3-4 所示的面,此时所选择的面呈红色。

⑤ 单击"编辑"工具栏中的 图标按钮,然后单击"编辑"工具栏中的 图标按钮,打开如图 3-5 所示的"复制曲面"操作面板。系统即将选取的面创建为单个曲面集。

图 3-4　选取面

图 3-5　"复制曲面"操作面板

⑥ 按住 Ctrl 键不放,在图形窗口中选取零件的所有外表面(此时所有外表面呈红色),构建如图 3-6 所示的单个曲面集。

⑦ 单击"复制曲面"操作面板上的 选项 按钮,在弹出的如图 3-7 所示的"选项"面板中选取"排除曲面并填充孔"选项。

图 3-6 构建单个曲面集

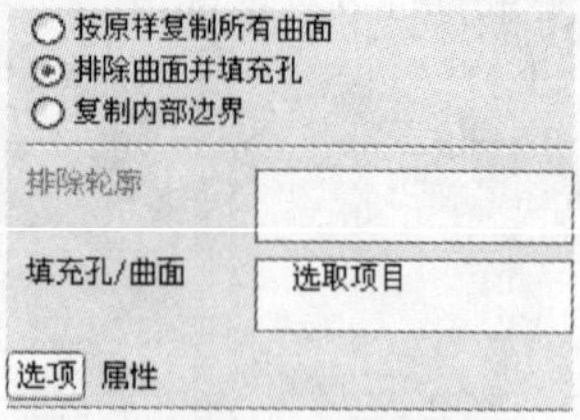

图 3-7 "选项"面板

⑧ 单击"填充孔/曲面"收集器,使其处于激活状态,然后在图形窗口中选取如图 3-8 所示的面,按住 Ctrl 键不放,并选取如图 3-8 所示的边。

提示:由于分型面必须是一个封闭的曲面,也就是说中间不能存在孔,步骤⑦、⑧的目的在于填补复制面上的孔。由于参照模型中的两个圆孔的边界位于同一个面上,所以可以通过单击该面将其封闭。而参照模型中的方形孔的边界不位于同一个面上,故必须选取其边界上的任意一条边,才能将其封闭。

⑨ 单击操控面板右侧的 ✓ 图标按钮,完成复制曲面操作。

⑩ 单击主菜单中的"视图"→"可见性"→"着色"命令,选取复制曲面后,着色的复制曲面如图 3-9 所示。

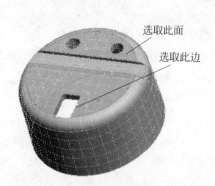

选取此面

选取此边

图 3-8 选取面

图 3-9 着色的复制曲面

(3) 创建平面分型曲面

① 在模型树上用鼠标右键单击工件名"EXAMPLE3_1_WRK. PRT",并在弹出的快捷菜单中选择"取消遮蔽"命令,将工件显示出来。

② 单击主菜单中的"编辑"→"填充"命令,打开"填充"操控面板。

③ 在图形窗口中单击鼠标右键,并在弹出的快捷菜单中选中"定义内部草绘"命令,打开"草绘"对话框。

④ 选取基准平面"MAIN_PARTING_PIN"作为草绘平面,接受默认的视图方向参照,单击鼠标中键进入二维草绘模式。

⑤ 绘制如图 3-10 所示的二维截面,并单击"草绘工具"工具栏中的 ☑ 图标按钮,完成草绘操作,返回"填充"操控面板。

⑥ 单击工具栏右侧的 ☑ 图标按钮,完成填充操作。

(4) 合并分型曲面

① 按住 Ctrl 键不放,并在模型树中选中"复制 1 [PART_SURF_1-分型面]"特征,如图 3-11 所示。

提示:要使用曲面合并功能,必须同时选取两个曲面特征。对于刚创建的曲面特征。系统会自动将其选中。

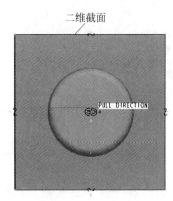

图 3-10　二维截面

② 单击主菜单中的"编辑"→"合并"命令,打开"合并"操控面板。单击 参照 按钮,在弹出的"参照"面板中,选中"面组:F7(PART_SURF_1)"使其位于列表顶部,成为主面组,如图 3-12 所示。

图 3-11　选取特征

图 3-12　"参照"面板

提示:本步骤要特别注意。由于在合并分型曲面时,必须将已经存在的曲面特征作为主面组,而刚创建的曲面特征只能作为附加面组。系统会将先选取的曲面特征作为主面组,后选取的曲面特征作为附加面组。所以用户还可以先选取"复制 1[PART_SURF_1-分型面]"特征,然后选取刚创建的曲面特征,这时系统会自动将"面组:F7(PART_SURF_1)"作为主面组。

③ 单击 选项 按钮,然后在弹出的"选项"面板中选中"连接"单选按钮,如图 3-13 所示。

④ 单击操控面板右侧的 ☑ 图标按钮,完成合并曲面操作。

(5) 着色分型曲面

① 单击主菜单中的"视图"→"可见性"→"着色"命令,着色的分型曲面如图 3-14 所示。

图 3-13　"选项"面板　　　　　　　　图 3-14　着色的分型曲面

② 单击工具栏右侧的 ☑ 图标按钮,完成分型曲面的操作。

实例总结:本实例中通过复制的方法创建了分型曲面,利用填充的方法创建了平面分型曲面,并采取连接的方式对所创建的分型曲面进行了合并。

通过本例的学习,读者将能够掌握通过构建单个曲面集复制曲面,采用填充方法创建分型平面以及合并分型曲面的方法。

2. 构建种子和边界曲面集

种子和边界曲面集包含种子曲面及种子曲面与边界曲面之间的所有曲面。通过构建种子和边界曲面集能够准确、快速地复制所需的曲面创建分型曲面。它是在模具设计中应用得最多的一种方法。需要注意的是,在默认的情况下,种子和边界曲面集不包括边界曲面。当需要包括边界曲面时,用户可以在"曲面集"对话框中,选中"包括边界曲面"复选框,使边界曲面也包含在该曲面集中。

构建种子和边界曲面集的操作步骤如下:

(1) 单击"模具"工具栏中的 ◠ 图标按钮,或单击主菜单中的"插入"→"模具几何"→"分型曲面"命令,系统进入创建分型曲面工作界面。

(2) 选取实体上的一个面为种子面。

(3) 单击"编辑"工具栏中的 ▤ 图标按钮,然后单击"编辑"工具栏中的 ▤ 图标按钮,打开"复制曲面"操作面板。系统即将选取的面创建为单个曲面集。

(4) 按住 Shift 键不放,选取边界面,即可构建种子和边界曲面集。

下面通过一个实例说明通过构建种子和边界曲面集来创建分型曲面的操作步骤。

实例 3-2　采用构建种子和边界曲面集→拉伸→合并的方法创建分型曲面。

本实例所使用的产品与实例 3-1 所使用的产品相同,其目的就是让读者体会面对相同的产品,在用不同的方法创建分析曲面时有何异同。

操作步骤介绍如下。

(1) 建立模型

① 新建一个模具文件 example3_2_mold,将光盘上"项目三/example/example3_2/example3_2.prt"导入,进行布局。

② 设置收缩率为"0.005"。

③ 创建工件。

（2）构建种子和边界曲面集

① 单击"模具"工具栏中的  图标按钮，或单击主菜单中的"插入"→"模具几何"→"分型曲面"命令，进入创建分型曲面工作界面。

② 在模型树上用鼠标右键单击工件名"EXAMPLE3_2_WRK.PRT"，并在弹出的快捷菜单中选择"遮蔽"命令，将工件遮蔽。

③ 单击状态栏中的"过滤器"下拉列表框右侧的 图标按钮，在打开的下拉列表中选择"几何"选项。

④ 在图形窗口中选取如图 3-15 所示的面作为种子面，此时所选择的面呈红色。

⑤ 单击"编辑"工具栏中的 图标按钮，然后单击"编辑"工具栏中的 图标按钮，打开"复制曲面"操作面板。

⑥ 旋转模型至如图 3-16 所示的位置，然后按住 Shift 键不放，并在图形窗口中选取图 3-16 中所示的底面。然后在任一孔的边界上单击鼠标右键并按住不放，系统弹出如图 3-17 所示的查询快捷菜单。

图 3-15　选取种子面

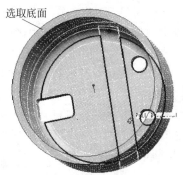

图 3-16　选取底面为边界面

图 3-17　查询快捷菜单

⑦ 选择快捷菜单中的"从列表中拾取"命令，打开如图 3-18 所示的"从列表中拾取"对话框。

⑧ 在对话框中选取如图 3-18 所示的目的曲面（所有孔的边界），可以看出所有孔的边界加亮显示，然后单击底部的 确定 按钮。松开 Shift 键，完成种子和边界曲面集的定义。

⑨ 单击"复制曲面"操作面板上的 选项 按钮，在弹出"选项"面板中选中"排除曲面并填充孔"选项。

⑩ 单击"填充孔/曲面"收集器，使其处于激活状态，按住 Ctrl 键不放，然后在图形窗口中选取如图 3-19 所示各个孔的边。

提示：也可以采用实例 3-1 中"排除孔"的操作方法。

⑪ 单击操控面板右侧的 图标按钮，完成复制曲面操作。

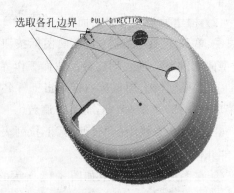

图 3-18　"从列表中拾取"对话框　　　　　　图 3-19　选取各孔边界

（3）创建平面分型曲面

① 在模型树上用鼠标右键单击工件名"EXAMPLE3_2_WRK. PRT"，并在弹出的快捷菜单中选择"取消遮蔽"命令，将工件显示出来。

② 单击右工具箱中的 图标按钮，在图形窗口中单击鼠标右键，并在弹出的快捷菜单中选中"定义内部草绘"命令，打开"草绘"对话框。

③ 选取基准平面"MOLD_RIGHT"作为草绘平面，"MAIN_PARTING_PIN"作为参照平面，接受默认的视图方向参照，单击鼠标中键进入二维草绘模式。

④ 单击主菜单中的"草绘"→"参照"命令，选取工件的两个边界作为参照，如图 3-20 所示。并在两个参照之间绘制图 3-20 中所示的一段线段作为拉伸直线。

⑤ 单击"草绘工具"工具栏中的 图标按钮，完成草绘操作，返回"拉伸"操控面板。

⑥ 在"拉伸"操控面板上单击 选项 按钮打开深度面板，设置第一侧和第二侧的拉伸深度为"到指定的"，分别选择工件的两个外表面，单击工具栏右侧的 图标按钮，完成拉伸操作。创建的平面分型曲面如图 3-21 所示。

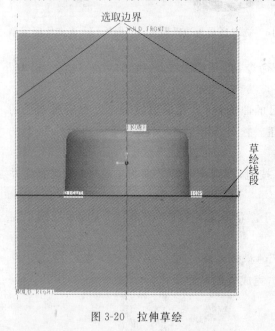

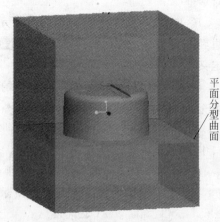

图 3-20　拉伸草绘　　　　　　　　图 3-21　创建平面分型曲面

（4）合并分型曲面

① 按住 Ctrl 键不放，并在模型树中选中"复制 1[PART_SURF_1-分型面]"特征。

② 单击主菜单中的"编辑"→"合并"命令，打开"合并"操控面板。单击 参照 按钮，在弹出的"参照"面板中，选中"面组：F7（PART_SURF_1）"使其位于列表顶部，成为主面组。

③ 单击 选项 按钮，然后在弹出的"选项"面板中选中"连接"单选按钮。

④ 单击操控面板右侧的 ✓ 图标按钮，完成合并曲面操作。

（5）着色分型曲面

① 单击主菜单中的"视图"→"可见性"→"着色"命令，着色的分型曲面如图 3-22 所示。

② 单击工具栏右侧的 ✓ 图标按钮，完成分型曲面的操作。

图 3-22　着色的分型曲面

实例总结：本实例中通过复制构建种子和边界曲面集的方法创建了分型曲面，利用拉伸的方法创建了平面分型曲面，并采取连接的方式对所创建的分型曲面进行了合并。

通过本例的学习，读者将能够掌握通过构建种子和边界曲面集的方法复制曲面，采用拉伸方法创建分型平面以及合并分型曲面的方法。

（二）创建阴影曲面

阴影曲面是用光投影技术来创建分型曲面，是 Pro/E 的智能分模功能。利用阴影曲面，可以快速创建分型曲面。使用阴影曲面功能时，必须将工件在图形窗口中显示出来。要创建阴影曲面，必须在参照零件上创建拔模斜度，才能正确地创建阴影曲面。

构建阴影曲面的操作步骤如下。

图 3-23　"阴影曲面"对话框

单击"模具"工具栏中的 ▱ 图标按钮，进入创建分型曲面工作界面，然后单击主菜单中的"编辑"→"阴影曲面"命令，系统弹出如图 3-23 所示的"阴影曲面"对话框。

下面介绍该对话框中常用选项的功能。

（1）阴影零件：用于选取参照零件。如果只有一个参照零件，系统会自动将其选中。如果有多个零件，系统将弹出"特征"菜单，用于选取参照零件。

（2）工件：用于选取工件以定义阴影边界。如果只有一个工件，系统会自动将其选取。

（3）方向：用于定义光源方向。系统会自动选取默认的拖动方向为光源方向。

（4）修剪平面：用于选取修剪平面以定义阴影边界。

（5）关闭平面：用于选取关闭平面。关闭平面用于指定拔模曲面的延拓距离。

下面通过一个实例说明通过阴影曲面来创建分型曲面的操作步骤。

实例 3-3　对如图 3-24 所示的塑件 example3_3,采用阴影曲面来创建分型曲面。
操作步骤介绍如下:

(1) 新建一个模具文件 example3_3_mold,将光盘上"项目三/example/example3_3/example3_3. prt"导入,进行布局。

(2) 设置收缩率为"0.005"。

(3) 创建工件。

(4) 单击"模具"工具栏中的 🔲 图标按钮,进入创建分型曲面工作界面。

(5) 单击主菜单中的"编辑"→"阴影曲面"命令,系统弹出"阴影曲面"对话框。

(6) 接受对话框中默认的设置,单击对话框底部的 确定 按钮,完成阴影曲面创建操作。

(7) 单击主菜单中的"视图"→"可见性"→"着色"命令,着色的分型曲面如图 3-25 所示。

图 3-24　塑件 example3_3　　　　　图 3-25　着色的分型曲面

实例总结:本实例中通过采用阴影曲面来创建分型曲面。通过本例的学习,读者将能够掌握通过采用阴影曲面来创建分型曲面的方法。

（三）创建裙边曲面

裙边曲面是通过选取曲线并确定拖动方向来创建分型曲面的。创建裙边曲面时,首先要创建表示分型线的曲线。分型线可以是侧面影像线,也可以是一般基准曲线。使用裙边曲面功能时,必须将工件在图形窗口中显示出来。

1. 侧面影像曲线

侧面影像曲线主要用于创建裙边曲面,它是在以垂直于指定平面方向查看时,为创建分型线而生成的特征,包括所有可见的外部和内部参考零件边。

在菜单管理器中,依次选取"特征"→"型腔组件"→"侧面影像"选项,或单击主菜单中的"编辑"→"阴影曲面"命令,或单击"模具"工具栏中的 ⬭ 图标按钮,系统弹出如图 3-26 所示的"侧面影像曲线"对话框。该对话框中各个选项的功能介绍如下。

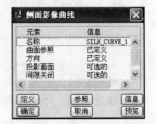

(1) 名称:用于指定侧面影像曲线的名称。

(2) 曲面参照:用于指定投影轮廓曲线的参照曲面。　图 3-26　"侧面影像曲线"对话框

（3）方向：用于指定光源方向。

（4）投影画面：当参照零件侧面上有凸凹部位时，该选项用于指定体积块或元件以创建正确的分型线。

（5）间隙关闭：用于检查侧面影像曲线中的断点及小间隙，并将其闭合。

（6）环路选择：用于排除多余的曲线。如果参照零件中的曲面已经创建了拔模斜度，系统只会创建一条曲线。如果参照零件中的曲面没有拔模斜度时，则系统在该曲面上方的边和下方的边都形成曲线链。这两条曲线不能同时使用，用户必须根据需要选取其中的一条曲线。

2. 创建裙边曲面

创建裙边曲面时，系统将自动用侧面影像曲线的封闭环填充曲面中的孔，并将侧面影像曲线延伸到工件的边界。

单击"模具"工具栏中的 □ 图标按钮，进入创建分型曲面工作界面，然后单击主菜单中的"编辑"→"裙边曲面"命令，或单击工具栏中的 □ 图标按钮，系统弹出如图 3-27 所示的"裙边曲面"对话框。该对话框中各个选项的功能介绍如下。

（1）参照模型：用于选取创建裙边曲面的参照模型。

（2）工件：用于选取创建裙边曲面边界的工件。

（3）方向：用于指定光源方向。

（4）曲线：用于选取侧面影像曲线或一般基准曲线。

（5）延伸：用于从曲线中排除一些曲线段、指定相切条件及改变延伸方向。系统会自动确定曲线的延伸方向。如果用户对延伸方向不满意，则可以指定新的延伸方向。

（6）环路闭合：用于定义裙边曲面上的内环闭合。

在"裙边曲面"对话框中，选中"延伸"选项，然后单击 定义 按钮，系统弹出如图 3-28 所示的"延伸控制"对话框。该对话框中常用的选项功能介绍如下。

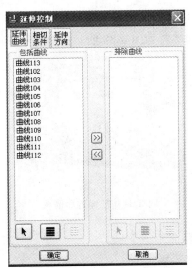

图 3-27　"裙边曲面"对话框　　　　　　图 3-28　"延伸控制"对话框

① "延伸曲线"选项卡：在"包含曲线"列表中，显示了要延伸的所有曲线段，可以排除一些曲线段。在"包含曲线"列表中选中要排除的曲线段，然后单击 ⟩⟩ 按钮，就可以将其放置到"排除曲线"列表中，即可排除选中的曲线。

② "相切条件"选项卡：在"延伸控制"对话框中单击"相切条件"按钮，切换到如图 3-29 所示的"相切条件"选项卡。该选项卡中，可以选取参照模型的底部曲面以设置相切条件，并自动选取将使用该相切条件延伸的侧面影像曲线段。

③ "延伸方向"选项卡：单击"延伸方向"按钮，可以切换到如图 3-30 所示的"延伸方向"选项卡。此时，系统将在图形窗口中的参照模型上显示如图 3-31 所示的延伸方向箭头。在该选项卡中，可以指定现有基准点或新创基准点箭头的方向，以控制延伸的方向。系统以黄色箭头表示默认的延伸方向，洋红色箭头表示用户自定义的延伸方向，蓝色箭头表示切向延伸方向。在默认的情况下，延伸方向的箭头从曲线的顶点射出。

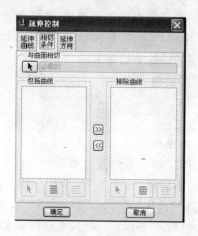

图 3-29 "相切条件"选项卡

图 3-30 "延伸方向"选项卡

下面通过一个实例说明通过裙边曲面来创建分型曲面的操作步骤。

实例 3-4 对如图 3-32 所示的塑件 example3_4 采用裙边曲面来创建分型曲面。

图 3-31 延伸方向箭头

图 3-32 塑件 example3_4

操作步骤介绍如下。

（1）建立模型

① 新建一个模具文件 example3_4_mold，将光盘上"项目三/example/example3_4/example3_4.prt"导入，进行布局。

② 设置收缩率为"0.005"。

③ 创建工件。

（2）创建侧面影像曲线

① 单击"模具"工具栏中的 图标按钮，打开"侧面影像曲线"对话框。

② 接受对话框中默认设置，单击对话框底部的 确定 按钮，完成侧面影像曲线创建操作。创建的侧面影像曲线如图 3-33 所示。

（3）创建裙边曲面

① 单击"模具"工具栏中的 图标按钮，进入创建分型曲面工作界面。

② 单击主菜单中的"编辑"→"裙边曲面"命令，系统弹出"裙边曲面"对话框和如图 3-34 所示的"链"菜单。

图 3-33　侧面影像曲线　　　　　　　图 3-34　"链"菜单

③ 在图形窗口中选取侧面影像线，然后单击"链"菜单中的"完成"选项，返回"裙边曲面"对话框。

④ 在"裙边曲面"对话框中，选中"延伸"选项，然后单击 定义 按钮，系统弹出"延伸控制"对话框。

⑤ 单击"延伸方向"按钮，切换到"延伸方向"选项卡。系统在图形窗口中的参照模型上显示如图 3-35 所示的延伸方向箭头。由图中可以看出，系统以黄色箭头表示默认的延伸方向，不符合要求（正确延伸方向应为由侧面影像曲线向工件边界延伸）。

⑥ 单击 添加 按钮，系统弹出如图 3-36 所示的"一般点选取"快捷菜单。选取图 3-35 中所示的 1、2 点后，单击"一般点选取"菜单中的"完成"选项。系统弹出如图 3-37 所示的"选取方向"菜单。

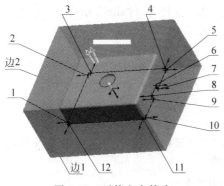

图 3-35　延伸方向箭头

图 3-36　"一般点选取"
菜单

图 3-37　"选取方向"
菜单

⑦ 在"选取方向"菜单中,选取"曲线/边/轴"选项,选取图 3-35 中的边 1,然后依次单击图 3-37 中"选取方向"菜单中的"反向"、"正向",此时 1、2 点延伸方向呈洋红色箭头表示。

⑧ 单击 添加 按钮,选取图 3-35 中所示的 3、4 点后,单击"一般点选取"菜单中的"完成"选项。选取图 3-35 中的边 2,然后依次单击"选取方向"菜单中的"反向"、"正向",此时 3、4 点延伸方向呈洋红色箭头表示。

⑨ 单击 添加 按钮,选取图 3-35 中所示的 5～10 点(共 6 个点)后,单击"一般点选取"菜单中的"完成"选项。选取图 3-35 中的边 1,然后单击"选取方向"菜单中的"正向",此时 5～10 点延伸方向呈洋红色箭头表示。

⑩ 单击 添加 按钮,选取图 3-35 中所示的 11、12 点后,单击"一般点选取"菜单中的"完成"选项。选取图 3-35 中的边 1,然后单击"选取方向"菜单中的"正向",此时 11、12 点延伸方向呈洋红色箭头表示。

⑪ 单击"延伸控制"对话框底部的 确定 按钮,返回"裙边曲面"对话框。

⑫ 单击"裙边曲面"对话框底部的 确定 按钮,完成裙边曲面创建操作。

⑬ 单击主菜单中的"视图"→"可见性"→"着色"命令,着色的分型曲面如图 3-38 所示。

实例总结:本实例中通过采用裙边曲面来创建分型曲面。通过本例的学习,读者将能够掌握通过采用裙边曲面来创建分型曲面的方法。

图 3-38　着色的分型曲面

三、项目实施

（一）任务 1：对塑件 shell 创建分型曲面

对项目二中的塑件 shell,采用复制曲面的方法,创建分型曲面,并利用分型曲面分模,完成模具设计。

1. 建立模型

（1）新建一个模具文件 shell_mold,将光盘上"项目三/任务 1/shell. prt"导入,进行布局。

（2）设置收缩率为"0.005"。

（3）创建工件。

2. 创建分型曲面

（1）在导航器上单击"显示"按钮,显示下拉菜单,选中"层树"选项。

（2）在层树中指定参照模型 SHELL_MOLD_REF. PRT,用鼠标右键单击零件作图线的层,在弹出的快捷菜单中选取"隐藏",隐藏作图线。

（3）单击"显示"按钮,显示下拉菜单,选中"模型树"选项。

（4）单击"设置"按钮,显示下拉菜单,选中"树过滤器"选项。系统弹出"模型树项目"

对话框。勾选"特征"选项,单击对话框底部的 ⬛确定 按钮,退出对话框。

(5)单击"模具"工具栏中的 ⬛ 图标按钮,进入创建分型曲面工作界面。

(6)在模型树上用鼠标右键单击工件名"SHELL_MOLD_WRK.PRT",并在弹出的快捷菜单中选择"遮蔽"命令,将工件遮蔽。

(7)单击状态栏中的"过滤器"下拉列表框右侧的 ⬛ 图标按钮,在打开的下拉列表中选择"几何"选项。

(8)在图形窗口中选取如图 3-39 所示的面,此时所选择的面呈红色。

(9)单击"编辑"工具栏中的 ⬛ 图标按钮,然后单击"编辑"工具栏中的 ⬛ 图标按钮,打开"复制曲面"操作面板。

(10)按住 Ctrl 键不放,在图形窗口中选取零件的所有外表面(此时所有外表面呈红色)。

(11)单击操控面板右侧的 ⬛ 图标按钮,完成复制曲面操作。

(12)单击主菜单中的"视图"→"可见性"→"着色"命令,着色的复制曲面如图 3-40 所示。

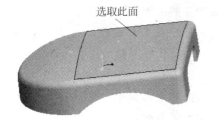

图 3-39 选取面   图 3-40 着色的复制曲面

(13)在模型树上用鼠标右键单击工件名"SHELL_MOLD_WRK.PRT",并在弹出的快捷菜单中选择"取消遮蔽"命令,将工件显示出来。

(14)在图形窗口中选取如图 3-41 所示的边,然后单击主菜单中的"编辑"→"延伸"命令,打开如图 3-42 所示的"延伸"操控面板。

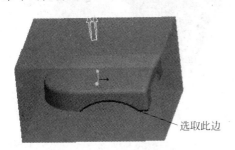

图 3-41 选取延伸边   图 3-42 "延伸"操控面板

提示:用户在选取延伸边时,必须选取复制曲面上的边,才能进行延伸操作。可以使用查询选取的方法来选取复制曲面上的边。

(15)单击"延伸"操控面板上的 ⬛ 图标按钮,选中"延伸到平面"选项。

(16)在图形窗口中选取如图 3-43 所示的面为延伸参照平面。

(17)单击"延伸"操控面板右侧的 ⬛ 图标按钮,完成延伸操作。

（18）在图形窗口中选取如图 3-44 所示的边，然后单击主菜单中的"编辑"→"延伸"命令，打开"延伸"操控面板。

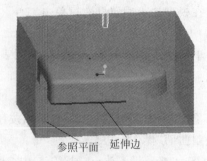

参照平面   参照平面　延伸边

图 3-43　选取延伸参照平面   图 3-44　延伸边和参照平面

（19）单击"延伸"操控面板上的 🗗 图标按钮，选中"延伸到平面"选项。

（20）在图形窗口中选取图 3-44 中的面为延伸参照平面。

（21）单击"延伸"操控面板右侧的 ✓ 图标按钮，完成延伸操作。

（22）在图形窗口中选取如图 3-45 所示的边，然后单击主菜单中的"编辑"→"延伸"命令，打开"延伸"操控面板。

（23）单击"延伸"操控面板上的 🗗 图标按钮，选中"延伸到平面"选项。

（24）在图形窗口中选取图 3-45 中的面为延伸参照平面。

（25）单击"延伸"操控面板右侧的 ✓ 图标按钮，完成延伸操作。

（26）在图形窗口中选取如图 3-46 所示的边，然后单击主菜单中的"编辑"→"延伸"命令，打开"延伸"操控面板。

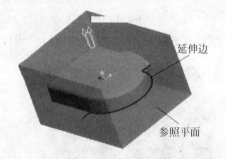

延伸边   延伸边

参照平面   参照平面

图 3-45　延伸边和参照平面   图 3-46　延伸边和参照平面

（27）单击"延伸"操控面板上的 🗗 图标按钮，选中"延伸到平面"选项。

（28）在图形窗口中选取图 3-46 中的面为延伸参照平面。

（29）单击"延伸"操控面板右侧的 ✓ 图标按钮，完成延伸操作。

（30）单击主菜单中的"视图"→"可见性"→"着色"命令，着色的分型曲面如图 3-47 所示。

（31）单击工具栏右侧的 ✓ 图标按钮，完成分型曲面创

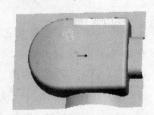

图 3-47　着色的分型曲面

建操作。

3. 分模

（1）在右工具箱中单击分割体积块 图标按钮，在打开如图 3-48 所示的"分割体积块"菜单中选取"两个体积块"、"所有工件"和"完成"选项。

（2）如图 3-49 所示，选取上一步创建的分型曲面后单击鼠标中键，返回"分割"对话框。

图 3-48 "分割体积块"菜单

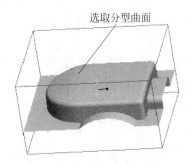

选取分型曲面

图 3-49 选取分型曲面

（3）单击"分割"对话框中的 确定 按钮，完成体积块分割。此时系统加亮显示分割生成的体积块，并弹出如图 3-50 所示的"属性"对话框。

（4）在对话框中输入体积块的名称"core"，然后单击 着色 按钮，着色的体积块如图 3-51 所示。

图 3-50 "属性"对话框

图 3-51 着色的"core"体积块

（5）单击对话框底部的 确定 按钮，系统会加亮显示分割生成的另一个体积块，并弹出"属性"对话框。然后在该对话框中输入体积块的名称"cavity"，并单击 着色 按钮，着色的体积块如图 3-52 所示。

（6）单击"分割"对话框中的 确定 按钮，完成分模操作。

（7）单击"模具"工具栏中的 图标按钮，打开如图 3-53 所示的"创建模具元件"对话框，然后单击 图标按钮，选中所有模具体积块。

提示：对话框中的 图标按钮用于选取所有对象， 图标按钮用于选取单个对象， 图标按钮用于取消选取对象。

（8）单击对话框底部的 确定 按钮，完成抽取模具元件操作。

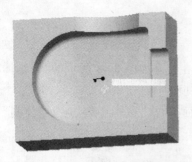

图 3-52 着色的"cavity"体积块

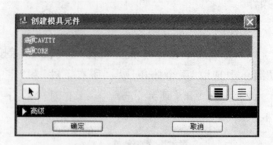

图 3-53 "创建模具元件"对话框

4. 填充

在菜单管理器中依次选取"模具"→"铸模"→"创建"选项,并在消息区中的文本框输入零件名称"cr",然后单击右侧的 ☑ 图标按钮,完成铸模的创建。

5. 开模

(1)在工具栏中单击 👓 图标按钮,打开"遮蔽-取消遮蔽"对话框。然后按住 Ctrl 键不放,并在"可见元件"列表中选取"SHELL_MOLD_REF"和"SHELL_MOLD_WRK"元件,如图 3-54 所示,并单击 遮蔽 按钮,将其遮蔽。

(2)单击"过滤"区域中的 分型面 按钮,切换到"分型面"过滤类型。然后在"可见曲面"列表中选中"PART_SURF_1"分型曲面,如图 3-55 所示,并单击 遮蔽 按钮,将其遮蔽。

(3)单击对话框底部的 关闭 按钮,退出对话框。

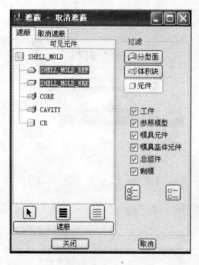

图 3-54 遮蔽模具元件

图 3-55 遮蔽分型曲面

(4)在"模具"主菜单中依次选取"模具进料孔"→"定义间距"→"定义移动"选项,选取如图 3-56 所示的"cavity"元件作为移动部件,单击鼠标中键确认。

(5)在图形窗口中选取如图 3-56 所示的边,此时在"cavity"元件上会出现一个红色箭头,表示移动的方向。

（6）在消息区的文本框中输入数值"220"，然后单击右侧的 ☑ 图标按钮，返回"定义间距"菜单。

（7）单击"定义间距"菜单中的"完成"命令，返回"模具孔"菜单。此时，"cavity"元件将向上移动，如图 3-57 所示。

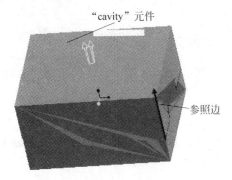

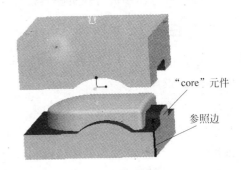

图 3-56　移动"cavity"元件　　　　图 3-57　移动"core"元件

（8）继续在"模具孔"菜单中依次选取"定义间距"→"定义移动"选项，在图形窗口中选取如图 3-57 所示的"core"元件作为移动部件，单击鼠标中键确认。

（9）在图形窗口中选取图 3-57 所示的边，此时在"core"元件上会出现一个红色箭头，表示移动的方向。

（10）在消息区的文本框中输入数值"－200"，然后单击右侧的 ☑ 图标按钮，返回"定义间距"菜单。

（11）单击"定义间距"菜单中的"完成"命令，返回"模具孔"菜单。此时，"core"元件将向下移动。

（12）单击"模具孔"菜单中的"分解"命令，此时所有的元件将回到移动前的位置。系统同时弹出如图 3-58 所示的"逐步"菜单。

（13）单击"逐步"菜单中的"打开下一个"命令，系统将打开"cavity"元件，如图 3-59 所示。

（14）再次单击"逐步"菜单中的"打开下一个"命令，系统将打开"core"元件，如图 3-60 所示。

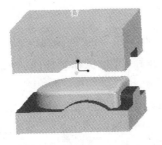

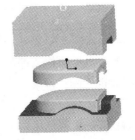

图 3-58　"逐步"菜单　　　图 3-59　打开"cavity"元件　　　图 3-60　打开"core"元件

任务总结

本任务通过塑件 shell 模具的设计,详细介绍了采用复制曲面→延伸的方法创建分型曲面,并利用分型曲面分模,进行模具设计的过程。

通过本任务的学习,读者将能够掌握通过采用复制曲面→延伸来创建分型曲面的方法,并掌握利用分型曲面分模的模具设计方法。

(二)任务 2:对塑件 ashyray 创建分型曲面

对项目二中的塑件 ashyray,采用曲面裙边的方式,创建分型曲面,并利用分型曲面分模,完成模具设计。

1. 建立模型

(1)新建一个模具文件 ashyray_mold,将光盘上"项目三/任务 2/ashyray.prt"导入,进行布局。

(2)设置收缩率为"0.005"。

(3)创建工件。

2. 创建分型曲面

(1)单击"模具"工具栏中的 ▢ 图标按钮,进入创建分型曲面工作界面。

(2)单击"模具"工具栏中的 ◿ 图标按钮,打开"侧面影像曲线"对话框。

(3)选取对话框中的"方向"选项,单击对话框底部的 [定义] 按钮,系统弹出如图 3-61 所示的"选取方向"菜单。

(4)在图形窗口中选取如图 3-62 所示的参照平面,此时参照平面会出现一个红色箭头,表示参照方向。

图 3-61 "选取方向"菜单

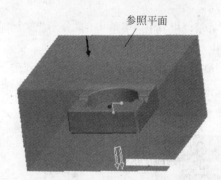

图 3-62 参照平面

(5)单击图 3-61 所示"选取方向"菜单中的"正向"选项,返回"侧面影像曲线"对话框。

(6)单击对话框底部的 [确定] 按钮,完成侧面影像曲线创建操作。创建的侧面影像曲线如图 3-63 所示。

(7)单击"模具"工具栏中的 ▢ 图标按钮,进入创建分型曲面工作界面。

(8)单击主菜单中的"编辑"→"裙边曲面"命令,系统弹出"裙边曲面"对话框和如图 3-64 所示的"链"菜单。

图 3-63　侧面影像曲线

图 3-64　"链"菜单

（9）在图形窗口中选取侧面影像线，然后单击"链"菜单中的"完成"命令，返回"裙边曲面"对话框。

（10）在"裙边曲面"对话框中，选中"延伸"选项，然后单击 定义 按钮，系统弹出"延伸控制"对话框。

（11）单击"延伸方向"按钮，切换到"延伸方向"选项卡。系统在图形窗口中的参照模型上显示如图 3-65 所示的延伸方向箭头。由图中可以看出，系统以黄色箭头表示默认的延伸方向，符合要求。

（12）单击"延伸控制"对话框底部的 确定 按钮，返回"裙边曲面"对话框。

（13）单击"裙边曲面"对话框底部的 确定 按钮，完成裙边曲面创建操作。

（14）单击主菜单中的"视图"→"可见性"→"着色"命令，着色的分型曲面如图 3-66 所示。

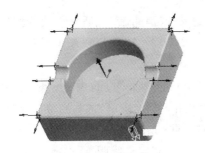

图 3-65　延伸方向

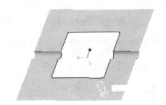

图 3-66　着色的分型曲面

（15）单击工具栏右侧的 ☑ 图标按钮，完成裙边曲面操作。

3．分模

（1）在右工具箱中单击分割体积块 图标按钮，在打开的"分割体积块"菜单中选取"两个体积块"、"所有工件"和"完成"选项。

（2）选取上一步创建的分型曲面后单击鼠标中键，返回"分割"对话框。

（3）单击"分割"对话框中的 确定 按钮，完成体积块分割。此时系统加亮显示分割生成的体积块，并弹出"属性"对话框。

（4）在对话框中输入体积块的名称"core"，然后单击 着色 按钮，着色的体积块如图 3-67 所示。

（5）单击对话框底部的 确定 按钮，系统会加亮显示分割生成的另一个体积块，并弹出"属性"对话框。然后在该对话框中输入体积块的名称"cavity"，并单击 着色 按钮，着色的体积块如图 3-68 所示。

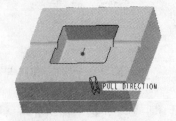

图 3-67　着色的"core"体积块　　　　图 3-68　着色的"cavity"体积块

（6）单击"分割"对话框中的 确定 按钮，完成分模操作。

（7）单击"模具"工具栏中的 图标按钮，打开"创建模具元件"对话框。然后单击 图标按钮，选中所有模具体积块。

（8）单击对话框底部的 确定 按钮，完成抽取模具元件操作。

4．填充

在菜单管理器中依次选取"模具"→"铸模"→"创建"选项，并在消息区中的文本框输入零件名称"cr"，然后单击右侧的 ✓ 图标按钮，完成铸模的创建。

5．开模

（1）在工具栏中单击 图标按钮，打开"遮蔽-取消遮蔽"对话框。然后按住 Ctrl 键不放，并在"可见元件"列表中选中"ASHYRAY_MOLD_REF"和"ASHYRAY_MOLD_WRK"元件，并单击 遮蔽 按钮，将其遮蔽。

（2）单击"过滤"区域中的 分型面 按钮，切换到"分型面"过滤类型。然后在"可见曲面"列表中选取"PART_SURF_1"分型曲面，并单击 遮蔽 按钮，将其遮蔽。

（3）单击对话框底部的 关闭 按钮，退出对话框。

（4）在"模具"主菜单中依次选取"模具进料孔"→"定义间距"→"定义移动"选项，选取如图 3-69 所示的"cavity"元件作为移动部件，单击鼠标中键确认。

（5）在图形窗口中选取如图 3-69 所示的参照边，此时在"cavity"元件上会出现一个红色箭头，表示移动的方向。

（6）在消息区的文本框中输入数值"30"，然后单击右侧的 ✓ 图标按钮，返回"定义间距"菜单。

（7）单击"定义间距"菜单中的"完成"命令，返回"模具孔"菜单。此时，"cavity"元件将向上移动，如图 3-70 所示。

（8）继续在"模具孔"菜单中依次选取"定义间距"→"定义移动"选项，在图形窗口中选取图 3-70 中所示的"core"元件作为移动部件，单击鼠标中键确认。

（9）在图形窗口中选取图 3-70 中所示的边，此时在"core"元件上会出现一个红色箭头，表示移动的方向。

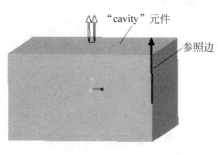

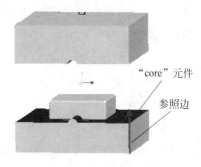

图 3-69　移动"cavity"元件　　　　　图 3-70　移动"core"元件

（10）在消息区的文本框中输入数值"－30"，然后单击右侧的 ☑ 图标按钮，返回"定义间距"菜单。

（11）单击"定义间距"菜单中的"完成"命令，返回"模具孔"菜单。此时，"core"元件将向下移动。

（12）单击"模具孔"菜单中的"分解"命令，此时所有的元件将回到移动前的位置。系统同时弹出"逐步"菜单。

（13）单击"逐步"菜单中的"打开下一个"命令，系统将打开"cavity"元件，如图 3-71 所示。

（14）再次单击"逐步"菜单中的"打开下一个"命令，系统将打开"core"元件，如图 3-72 所示。

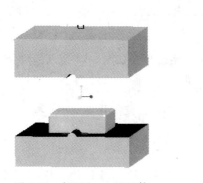

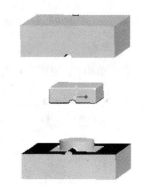

图 3-71　打开"cavity"元件　　　　　图 3-72　打开"core"元件

任务总结

本任务通过塑件 ashyray 模具的设计，详细介绍了采用裙边曲面的方法创建分型曲面，并利用分型曲面分模，进行模具设计的过程。

通过本任务的学习，读者将能够掌握通过采用裙边曲面来创建分型曲面的方法，并掌握利用分型曲面分模的模具设计方法。

（三）任务 3：对塑件 box 创建分型曲面

对如图 3-1 所示的塑件 box，采用构建实体曲面集的方法复制曲面，并应用侧面影像修剪的方式,创建分型曲面。利用分型曲面分模,完成模具设计。

1. 建立模型

(1) 新建一个模具文件 box_mold,将光盘上"项目三/任务 3/box.prt"导入,进行布局。

(2) 设置收缩率为"0.005"。

(3) 创建工件。

2. 创建实体曲面集

(1) 单击"模具"工具栏中的 ⬚ 图标按钮,进入创建分型曲面工作界面。

(2) 在模型树上用右键单击工件名"BOX_MOLD_WRK.PRT",并在弹出的快捷菜单中选择"遮蔽"命令,将工件遮蔽。

(3) 单击状态栏中的"过滤器"下拉列表框右侧的 ▾ 图标按钮,在打开的下拉列表中选择"几何"选项。

(4) 在图形窗口中选取参照模型中的任意一个面,此时所选择的面呈红色。单击"编辑"工具栏中的 🖺 图标按钮,然后单击"编辑"工具栏中的 🖺 图标按钮,打开"复制曲面"操作面板。

(5) 在图形窗口中单击鼠标右键,系统弹出如图 3-73 所示的"实体曲面"快捷菜单。在菜单中选取"实体曲面"命令。

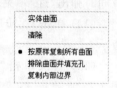

图 3-73 "实体曲面"快捷菜单

(6) 单击操控面板右侧的 ✔ 图标按钮,完成构建实体曲面集操作。

提示:以上操作过程就是构建实体曲面集的操作步骤。如果用户需要复制实体上的所有面,则可以构建实体曲面集。

3. 修剪分型曲面

(1) 单击主菜单中的"编辑"→"修剪"命令,系统打开如图 3-74 所示的"修剪"操控面板。

图 3-74 "修剪"操控面板

(2) 在图形窗口中选取基准平面"MAIN_PARTING_PLN"为修剪平面,然后单击"侧面影像修剪"选项 🗋 图标按钮。此时在图形窗口中被修剪的分型曲面将加亮显示。

(3) 单击操控面板右侧的 ✔ 图标按钮,完成侧面影像修剪操作。

(4) 单击主菜单中的"编辑"→"填充"命令,打开"填充"操控面板。

(5) 在图形窗口中单击鼠标右键,并在弹出的快捷菜单中选择"定义内部草绘"命令,打开"草绘"对话框。

(6) 在图形窗口中选取如图 3-75 所示的面为草绘平面,基准平面"MOLD_RIGHT"为"右"参照平面。单击鼠标中键,进入草绘模式。

(7) 系统弹出"参照"对话框,并自动选取基准平面"MOLD_RIGHT"为草绘参照。在图形窗口中选取基准平面"MOLD_FRONT"为草绘参照,并单击对话框底部的关闭(C) 按钮,退出对话框。

(8)绘制如图3-76所示的二维截面,并单击"草绘工具"工具栏中的 ☑ 图标按钮,完成草绘操作,返回"填充"操控面板。

图 3-75 选取草绘平面

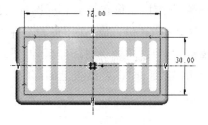

图 3-76 二维截面

(9)单击操控面板右侧的 ☑ 图标按钮,完成填充操作。

4．合并分型曲面

(1)按住 Ctrl 键不放,并在模型树中选中"复制 1[PART_SURT_1-分型面]"特征。

(2)单击主菜单中的"编辑"→"合并"命令,打开"合并"操控面板。单击 参照 按钮,在弹出的"参照"面板中,选中"面组：F7(PART_SURF_1)"使其位于列表顶部,成为主面组。

(3)单击 选项 按钮,然后在弹出的"选项"面板中选中"连接"单选按钮。

(4)单击操控面板右侧的 ☑ 图标按钮,完成合并曲面操作。

5．延伸

(1)在图形窗口中依次选取如图 3-77 所示的边,然后单击主菜单中的"编辑"→"延伸"命令,打开"延伸"操控面板。

(2)单击"延伸"操控面板上的 ☑ 图标按钮,选中"延伸到平面"选项。然后单击工具栏中的 ☒ 图标按钮,打开"遮蔽-取消遮蔽"对话框。单击"取消遮蔽"按钮,切换到"取消遮蔽"选项卡,如图 3-78 所示。

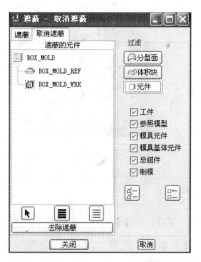

图 3-77 选取延伸边

图 3-78 "遮蔽-取消遮蔽"对话框

（3）在"遮蔽的元件"列表中选取"BOX_MOLD_WRK"工件，然后单击 去除遮蔽 按钮，将其显示出来。单击对话框底部的 关闭 按钮，退出对话框。

（4）在图形窗口中选取如图3-79所示的面为延伸参照平面。

（5）单击操控面板右侧的 ☑ 图标按钮，完成延伸曲面操作。

（6）按住 Ctrl 键不放，在图形窗口中依次选取如图3-80所示的边，然后单击主菜单中的"编辑"→"延伸"命令，打开"延伸"操控面板。

（7）单击"延伸"操控面板上的 🗗 图标按钮，选中"延伸到平面"选项。在图形窗口中选取如图3-80所示的面为延伸参照平面。

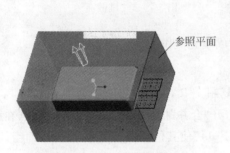
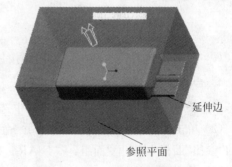

图3-79　延伸参照平面　　　　　　图3-80　延伸边及延伸参照平面

（8）单击操控面板右侧的 ☑ 图标按钮，完成延伸曲面操作，结果如图3-81所示。

（9）采用同样的方法，完成整个分型曲面的延伸。

提示：为了便于操作，可以将工件暂时遮蔽。在选取延伸参照平面时，再将其显示出来。

（10）单击主菜单中的"视图"→"可见性"→"着色"命令，着色的分型曲面如图3-82所示。

（11）单击工具栏右侧的 ☑ 图标按钮，完成分型曲面的创建。

图3-81　延伸到参照平面　　　　　图3-82　着色的分型曲面

6. 分模

（1）在右工具箱中单击分割体积块 🗗 图标按钮，在打开的"分割体积块"菜单中选取"两个体积块"、"所有工件"和"完成"选项。

（2）选取上一步创建的分型曲面后单击鼠标中键，在打开的"岛列表"菜单中选取

"岛 2"和"完成选取"选项,如图 3-83 所示。返回"分割"对话框。

提示:在分割工件时最多只能创建两个模具体积块。如果用于分割工件的分型面比较复杂,且分型面将工件分成两个以上部分时,系统弹出如图 3-83 所示的"岛列表"菜单,用于选取和取消选取体积块。选取的岛包含在第一个体积块内,而取消选取的岛在第二个体积块内。

（3）单击"分割"对话框中的 确定 按钮,完成体积块分割。此时系统加亮显示分割生成的体积块,并弹出"属性"对话框。

（4）在对话框中输入体积块的名称"cavity",然后单击 着色 按钮,着色的体积块如图 3-84 所示。

（5）单击对话框底部的 确定 按钮,系统会加亮显示分割生成的另一个体积块,并弹出"属性"对话框。然后在该对话框中输入体积块的名称"core",并单击 着色 按钮,着色的体积块如图 3-85 所示。

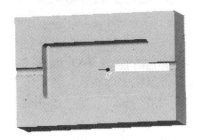 

图 3-83　岛列表

图 3-84　着色的"cavity"体积块　　　图 3-85　着色的"core"体积块

（6）单击"分割"对话框中的 确定 按钮,完成分模操作。

（7）单击"模具"工具栏中的 图标按钮,打开"创建模具元件"对话框。然后单击 图标按钮,选中所有模具体积块。

（8）单击对话框底部的 确定 按钮,完成抽取模具元件操作。

7. 填充

在"菜单管理器"中依次选取"模具"→"铸模"→"创建"选项,并在消息区中的文本框输入零件名称"cr",然后单击右侧的 ✓ 图标按钮,完成铸模的创建。

8. 开模

（1）在工具栏中单击 图标按钮,打开"遮蔽-取消遮蔽"对话框。然后按住 Ctrl 键不放,并在"可见元件"列表中选中"BOX_MOLD_REF"和"BOX_MOLD_WRK"元件,并单击 遮蔽 按钮,将其遮蔽。

（2）单击"过滤"区域中的 分型面 按钮,切换到"分型面"过滤类型。然后在"可见曲面"列表中选中"PART_SURF_1"分型曲面,并单击 遮蔽 按钮,将其遮蔽。

（3）单击对话框底部的 关闭 按钮,退出对话框。

（4）在"模具"主菜单中依次选取"模具进料孔"→"定义间距"→"定义移动"选项,选取如图 3-86 所示的"cavity"元件作为移动部件,单击鼠标中键确认。

（5）在图形窗口中选取如图 3-86 所示的边，此时在"cavity"元件上会出现一个红色箭头，表示移动的方向。

（6）在消息区的文本框中输入数值"50"，然后单击右侧的 $\boxed{\checkmark}$ 图标按钮，返回"定义间距"菜单。

（7）单击"定义间距"菜单中的"完成"命令，返回"模具孔"菜单。此时，"cavity"元件将向上移动，如图 3-87 所示。

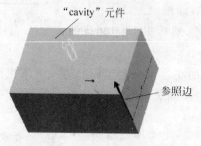

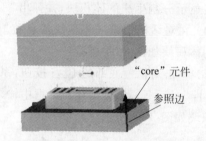

图 3-86　移动"cavity"元件　　　　　图 8-87　移动"core"元件

（8）继续在"模具孔"菜单中依次选取"定义间距"→"定义移动"选项，在图形窗口中选取图 3-87 中所示的"core"元件作为移动部件，单击鼠标中键确认。

（9）在图形窗口中选取图 3-87 中所示的边，此时在"core"元件上会出现一个红色箭头，表示移动的方向。

（10）在消息区的文本框中输入数值"－50"，然后单击右侧的 $\boxed{\checkmark}$ 图标按钮，返回"定义间距"菜单。

（11）单击"定义间距"菜单中的"完成"命令，返回"模具孔"菜单。此时，"core"元件将向下移动。

（12）单击"模具孔"菜单中的"分解"命令，此时所有的元件将回到移动前的位置。系统同时弹出"逐步"菜单。

（13）单击"逐步"菜单中的"打开下一个"命令，系统将打开"cavity"元件，如图 3-88 所示。

（14）再次单击"逐步"菜单中的"打开下一个"命令，系统将打开"core"元件，如图 3-89 所示。

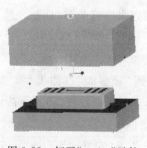

图 3-88　打开"cavity"元件　　　　　图 3-89　打开"core"元件

任务总结

本任务通过塑件 box 模具的设计,详细介绍了采用侧面影像修剪曲面的方法创建分型曲面,并利用分型曲面分模,进行模具设计的过程。

通过本任务的学习,读者将能够掌握通过采用构建实体曲面集来创建分型曲面和采用侧面影像修剪曲面的方法,并进一步训练利用分型曲面分模的模具设计方法。

四、项目总结

本项目通过三个任务,实施了通过分型曲面分模法模具设计的工作任务,详细介绍了 Pro/E 模具设计中创建分型曲面的基本技术与高级技巧,内容包括构建各种曲面集、创建阴影曲面、裙边曲面等,以及模具设计中利用分型曲面分割工件、抽取模具元件、填充和仿真开模的基本操作过程。

通过本项目的学习,读者将能够掌握创建模具分型曲面的方法,以及模具设计的基本技术与技巧。

五、学生练习项目

1. 利用附盘文件“项目三/ex/ex3-1/ex3-1.prt”,对如图 3-90 所示的产品采用拉伸创建分型曲面的方式进行模具设计。

2. 利用附盘文件“项目三/ex/ex3-2/ex3-2.prt”,对如图 3-91 所示的产品采用复制曲面创建分型曲面的方式进行模具设计。

图 3-90 练习项目 1 图

图 3-91 练习项目 2 图

3. 利用附盘文件“项目三/ex/ex3-3/ex3-3.prt”,对如图 3-92 所示的产品采用阴影曲面创建分型曲面的方式进行模具设计。

4. 利用附盘文件“项目三/ex/ex3-4/ex3-4.prt”,对如图 3-93 所示的产品采用裙边曲面创建分型曲面的方式进行模具设计。

图 3-92 练习项目 3 图

图 3-93 练习项目 4 图

操作提示

练习项目 1

1. 创建模具文件

（1）在计算机的 D 盘中，建立一个新的文件夹"ex3-1_mold"。

（2）将光盘文件路径"项目三/ex/ex3-1/ex3-1. prt"下的文件"ex3-1. prt"复制到该文件夹中。

（3）启动 Pro/E 4.0 后，单击主菜单中的"文件"→"设置工作目录"命令，打开"选取工作目录"对话框，然后通过"查找范围"下拉列表框，改变工作目录到"ex3-1_mold"文件夹。

（4）创建一个新的模具文件。单击工具栏中的 □ 图标按钮，打开"新建"对话框。在打开的"新建"对话框中选取"类型"区域中的"制造"，子类型为"模具型腔"。输入文件名称"ex3-1_mold"，取消对"使用缺省模板"复选项的勾选，然后单击对话框底部的 确定 按钮。打开"新文件选项"对话框。在打开的"新文件选项"对话框中选择"mmns_mfg_mold"作为文件的模板，然后单击 确定 按钮打开模具设计界面。

2. 建立模具模型

（1）单击工具栏中的布置零件工具 图标按钮，系统弹出"布局"对话框。同时会自动选择 图标按钮，系统弹出"打开"对话框。

（2）单击对话框底部的 确定 按钮，退出对话框。系统弹出"警告"对话框（注意：也可能不会出现该警告）。单击 确定 按钮，接受绝对精度值的设置。在"模具模型"菜单中单击"完成/返回"选项，完成装配参照模型。

（3）单击工具栏中的 图标按钮，系统打开"按比例收缩"对话框。

（4）单击"坐标系"区域的 按钮，并在图形窗口中选取参照模型坐标系 PRT_CSYS_DEF 作为参照，输入收缩率"0.005"后按 Enter 键，单击 ✓ 图标按钮完成收缩率设置。

（5）单击工具栏中的 图标按钮，打开"自动工件"对话框。

（6）在图形窗口中选取"MOLD_CSYS_DEF"坐标系作为模具原点。

（7）在"整体尺寸"区域输入如图 3-94 所示的尺寸，设置工件的大小。

（8）单击对话框底部的 确定 按钮，退出对话框。创建的工件如图 3-95 所示。

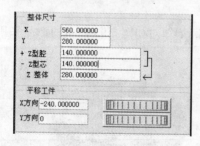

图 3-94　尺寸设置

图 3-95　创建的工件

3．创建分型曲面

（1）单击"模具"工具栏中的 □ 图标按钮，或单击主菜单中的"插入"→"模具几何"→"分型曲面"命令，进入创建分型曲面工作界面。

（2）单击右工具箱中的 □ 图标按钮，在图形窗口中单击鼠标右键，并在弹出的快捷菜单中选取"定义内部草绘"命令，打开"草绘"对话框。

（3）选取基准平面"MAIN_PARTING_PIN"作为草绘平面，"MOLD_ RIGHT"作为参照平面，接受默认的视图方向参照，单击鼠标中键进入二维草绘模式。

（4）单击主菜单中的"草绘"→"参照"命令，选取工件的两个边界作为参照，如图 3-96 所示。并在两个参照之间绘制图 3-96 中所示的一段线段作为拉伸直线。

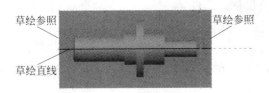

草绘参照　　　　　　　　　草绘参照

草绘直线

图 3-96　选取参照

（5）单击"草绘工具"工具栏中的 ☑ 图标按钮，完成草绘操作，返回"拉伸"操控面板。

（6）在"拉伸"操控面板上单击 选项 按钮打开深度面板，设置第一侧和第二侧的拉伸深度为"到指定的"，分别选择工件的两个外表面，单击工具栏右侧的 ☑ 图标按钮，完成拉伸操作。创建的平面分型曲面如图 3-97 所示。

4．分模

在右工具箱中单击分割体积块 ▣ 图标按钮，完成分模操作。

5．填充

在菜单管理器中依次选取"模具"→"铸模"→"创建"选项，并在消息区中的文本框输入零件名称"cr"，然后单击右侧的 ▣ 图标按钮，完成铸模的创建。

6．开模

（1）在工具栏中单击 ◇ 图标按钮，打开"遮蔽-取消遮蔽"对话框，将工件和分析曲面遮蔽。

（2）在"模具"主菜单中依次选取"模具进料孔"→"定义间距"→"定义移动"选项。

（3）依次选取各个模具元件，定义移动间距。开模结果如图 3-98 所示。

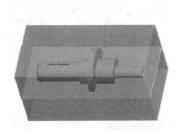

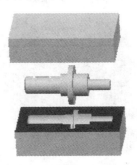

图 3-97　创建的平面分型曲面　　　　图 3-98　设计结果

练习项目 2

1. 创建模具文件

(1) 在计算机的 D 盘中,建立一个新的文件夹"ex3-2_mold"。

(2) 将光盘文件路径"项目三/ex/ex3-2"下的文件"ex3-2.prt"复制到该文件夹中。

(3) 启动 Pro/E 4.0 后,单击主菜单中的"文件"→"设置工作目录"命令,打开"选取工作目录"对话框。然后通过"查找范围"下拉列表框,改变工作目录到"ex3-2_mold"文件夹。

(4) 创建一个新的模具文件。

2. 建立模具模型

采用定位参照零件的方式,布局参照模式。以"按比例收缩"设置收缩率为"0.005",利用自动创建工件的方法创建工件。

3. 创建分型曲面

(1) 构建曲面集

① 单击"模具"工具栏中的 ◻ 图标按钮,进入创建分型曲面工作界面。

② 将工件遮蔽。

③ 单击状态栏中的"过滤器"下拉列表框右侧的 ⌄ 图标按钮,在打开的下拉列表中选择"几何"选项。

④ 在图形窗口中选取如图 3-99 所示的面,此时所选择的面呈红色。

⑤ 单击"编辑"工具栏中的 ▣ 图标按钮,然后单击"编辑"工具栏中的 ▣ 图标按钮,打开"复制曲面"操作面板。

⑥ 按住 Ctrl 键不放,在图形窗口中选取零件的所有外表面。

⑦ 排除孔。创建的曲面集如图 3-100 所示。

选取面

图 3-99　选取面　　　　　　　　图 3-100　创建的曲面集

(2) 采用填充方法创建平面分型曲面,结果如图 3-101 所示。

(3) 合并分型曲面,结果如图 3-102 所示。

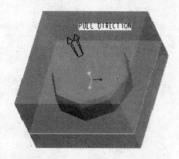
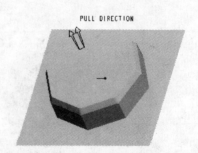

图 3-101　创建平面分型曲面　　　　　图 3-102　合并分型曲面

后续步骤略。

练习项目 3

1. 创建模具文件

（1）在计算机的 D 盘中，建立一个新的文件夹"ex3-3_mold"。

（2）将光盘文件路径"项目三/ex/ex3-3/ex3-3.prt"下的文件"ex3-3.prt"复制到该文件夹中。

（3）启动 Pro/E 4.0 后，单击主菜单中的"文件"→"设置工作目录"命令，打开"选取工作目录"对话框。然后通过"查找范围"下拉列表框，改变工作目录到"ex3-3_mold"文件夹。

（4）创建一个新的模具文件。

2. 建立模具模型

（1）将"ex3-3.prt"导入，设置收缩率为"0.005"。

（2）如图 3-103 所示设置工件尺寸，创建工件。

3. 创建分型曲面

（1）单击"模具"工具栏中的 图标按钮，进入创建分型曲面工作界面。

（2）单击主菜单中的"编辑"→"阴影曲面"命令，系统弹出"阴影曲面"对话框。

（3）接受对话框中默认的设置，单击对话框底部的 确定 按钮，完成阴影曲面创建操作。

（4）单击主菜单中的"视图"→"可见性"→"着色"命令，着色的分型曲面如图 3-104 所示。

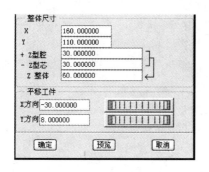

图 3-103　设置工件尺寸

图 3-104　着色的分型曲面

后续步骤略。

练习项目 4

1. 创建模具文件

（1）在计算机的 D 盘中，建立一个新的文件夹"ex3-4_mold"。

（2）将光盘文件路径"项目三/ex/ex3-4"下的文件"ex3-4.prt"复制到该文件夹中。

（3）启动 Pro/E 4.0 后，单击主菜单中的"文件"→"设置工作目录"命令，打开"选取工作目录"对话框。然后通过"查找范围"下拉列表框，改变工作目录到"ex3-4_mold"文件夹。

（4）创建一个新的模具文件。

2. 建立模具模型

采用定位参照零件的方式，布局参照模式。以"按比例收缩"设置收缩率为"0.005"，利用自动创建工件的方法创建工件。

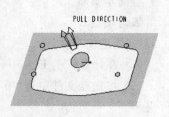

图 3-105　创建分模面

3. 创建分模面

结果如图 3-105 所示。

后续步骤略。

体积块分模法模具设计

教学目标
使学生在 Pro/E 模具设计模式下,实施创建模具体积块以及利用模具体积块分模的工作过程,掌握模具体积块创建方法和模具体积块分模模具设计过程。

一、项目介绍

该项目包含三个任务。

任务 1:对塑件 lid 创建模具体积块,即对如图 4-1 所示的塑件 lid,使用聚合功能创建模具体积块,并利用模具体积块分模,完成模具设计。

任务 2:对塑件 gear 创建模具体积块,即对如图 4-2 所示的塑件 gear,采用草绘体积块的方式创建模具体积块,并利用模具体积块分模,完成模具设计。

图 4-1　塑件 lid

任务 3:对塑件 drawer 创建模具体积块,即对如图 4-3 所示的塑件 drawer,使用滑块功能创建模具体积块。

图 4-2　塑件 gear

图 4-3　塑件 drawer

二、相关知识

体积块分模法是用分型曲面来分模的一种延伸。体积块也就是没有质量的封闭曲面面组，可以用来分割工件。与用分型曲面分模相比，构建分模体积块会更加灵活，少了许多合并曲面的步骤，分模的过程也更加直观。

创建模具体积块的方法有以下三种。

（1）聚合体积块：通过复制参照零件上的曲面来创建模具体积块。

（2）草绘体积块：通过创建拉伸、旋转等基本特征来创建模具体积块。

（3）滑块：通过基于指定的"拖动方向"执行几何分析，并创建侧向成形的模具体积块。

（一）聚合体积块

使用聚合功能可以复制参考零件上的曲面，然后将其封闭，以创建封闭的模具体积块。使用聚合功能创建模具体积块的操作步骤如下。

单击"模具"工具栏中的  图标按钮，进入体积块工作界面，然后单击主菜单中的"编辑"→"收集体积块"命令，系统弹出如图 4-4 所示的"聚合步骤"菜单。该菜单中各个选项功能介绍如下。

（1）选取：用于从参照模型中选取曲面。

（2）排除：用于从体积块定义中排除边或曲面环。

（3）填充：用于在体积块上封闭内部轮廓线或曲面上的孔。

（4）封闭：用于通过选取顶平面和边界线来封闭体积块。

1. 选取参照曲面

在选取聚合体积块的参照曲面时，可以使用以下两种方法。

（1）选取一个曲面作为种子曲面，然后选取边界曲面。系统将所选的种子曲面与边界曲面之间的所有曲面全部选中。

（2）直接选取一个或多个曲面作为体积块的参照曲面。

图 4-4 "聚合步骤"菜单

2. 修改基本曲面组

在参照零件中选取曲面后，可以使用以下两种方法修改基本曲面组。

（1）排除：选取要从基本面组中排除的曲面或曲面环。只有使用"曲面"作为选取参照曲面方法时，才能使用该功能。

（2）填充：封闭所选取曲面上的孔。

3. 封闭体积块

由于模具体积块是封闭的曲面面组，因此所有的开放边界都需要封闭。要封闭一个开放边界环，必须选取一个平面来覆盖该环，然后将环的各边以垂直于该平面的方向延伸到封闭平面。

（二）草绘体积块

Pro/E 还提供了草绘功能来直接创建模具体积块，可以使用拉伸、旋转等工具来草绘体积块。对于创建的体积块，还必须从该体积块中减去参照零件几何，才能将其抽取为模具元件。

可以使用以下两种方法来修剪体积块。

（1）参照零件切除：从创建的体积块中切除参照零件几何。

（2）修剪到几何：通过选取参照零件几何、面组和平面来修剪创建的体积块。

（三）滑块

如果参照零件的侧面上有凹凸部位，则必须将这些部位设计成活动的零件，并在塑件脱模前将其抽出。利用 Pro/E 提供的滑块功能，可以快速创建滑块。

单击"模具"工具栏中的 图标按钮，进入体积块工作界面，然后单击主菜单中的"插入"→"滑块"命令，系统弹出如图 4-5 所示的"滑块体积"菜单。

该对话框中的各个选项功能介绍如下。

（1）"参照零件"区域：该区域用于选取参照零件。如果模具模型中只有一个参照零件，系统就会自动将其选中。如果模具模型中有多个参照零件，则可以单击 按钮，然后选取其中的一个参照零件用于创建滑块。

（2）"拖拉方向"区域：该区域用于指定拖拉方向。在默认情况下，系统会自动选中"使用缺省值"复选框以使用默认的拖拉方向。取消选中该复选框，系统弹出如图 4-6 所示的"选取方向"菜单。

图 4-5 "滑块体积"菜单

图 4-6 "选取方向"菜单

提示：由于零件的表面上有拔模斜度，所以必须沿着斜度方向来指定拖拉方向。

① 平面：选取一个与该方向垂直的平面以指定拖拉方向。

② 曲线/边/轴：选取曲线、边或轴作为拖拉方向。

③ 坐标系：选取坐标系的一个轴作为拖拉方向。

（3） [回 计算底切边界] 按钮：单击该按钮系统会执行几何分析，并将生成的滑块边界面组放置在"排除"列表中。

（4）"包括"列表：用于显示用于创建滑块的边界面组。

（5）"排除"列表：用于显示系统生成的边界面组。

（6） [《] 按钮：单击该按钮，可以将在"排除"列表中选取的边界组放置到"包括"列表中。

（7） [》] 按钮：单击该按钮，可以将在"包括"列表中选取的边界组放置到"排除"列表中。

（8） [器] 按钮：单击该按钮，可以将选中的边界面组以网格的方式显示。

（9） [￢] 按钮：单击该按钮，可以将选中的边界面组以着色的方式显示。

（10）"投影平面"区域：用于延伸滑块。选取了投影平面后，系统将滑块延伸到该平面上。如果系统不能延伸滑块，则可以单击 ✖ 图标按钮，取消选取投影平面。

三、项目实施

（一）任务 1：对塑件 lid 创建模具体积块

对如图 4-1 所示的塑件 lid，使用聚合功能创建模具体积块，并利用模具体积块分模，完成模具设计。

1. 建立模型

（1）新建一个模具文件 lid_mold，将光盘上"项目四/任务 1/lid.prt"导入，进行布局。

（2）设置收缩率为"0.005"。

（3）创建工件。

2. 创建模具体积块

（1）创建聚合体积块

① 单击"模具"工具栏中的 [⬚] 图标按钮，进入体积块工作界面。

② 在模型树中用鼠标右键单击"LID_MOLD_WRK. PRT"工件，并在弹出的快捷菜单中选择"遮蔽"命令，将其遮蔽。

③ 单击主菜单中的"编辑"→"收集体积块"命令，系统弹出"聚合步骤"菜单，接受该菜单中的默认设置，然后单击"完成"命令。

④ 在弹出的如图 4-7 所示的"聚合选取"菜单中单击"曲面和边界"→"完成"命令，然后在图形窗口中选取如图 4-8 所示的面为种子面。

⑤ 系统弹出如图 4-9 所示的"特征参考"参考菜单，在图形窗口中选取如图 4-10 所示的面为第一组边界面。

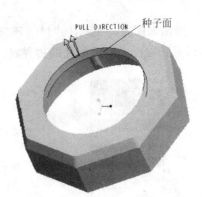

图 4-7 "聚合选取"菜单 　　　　图 4-8 选取种子面

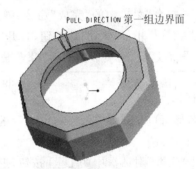

图 4-9 "特征参考"菜单 　　　　图 4-10 选取第一组边界面

⑥ 选择模型至如图 4-11 所示的位置,然后按住 Ctrl 键不放,并选取如图 4-11 所示的面为第二组边界面。

⑦ 单击"特征参考"参考菜单中的"完成参考"命令,返回"曲面边界"菜单。

⑧ 单击"曲面边界"菜单中的"完成/返回"命令,系统弹出如图 4-12 所示的"封合"菜单。接受该菜单中默认的设置,单击"完成"命令。

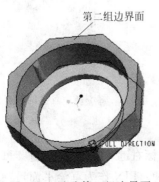

图 4-11 选取第二组边界面 　　　　图 4-12 "封合"菜单

⑨ 系统弹出如图 4-13 所示的"封闭环"菜单,在图形窗口中选取如图 4-14 所示的面为顶平面,然后选取图中所示的孔的边界线。

图 4-13　"封闭环"菜单

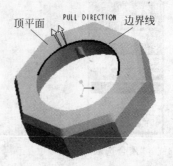

图 4-14　选取顶平面和边界线

⑩ 单击"选取"对话框中的 [确定] 按钮,返回"封合"菜单。

⑪ 单击"封合"菜单中的"完成"命令,弹出"封闭环"菜单。

⑫ 单击工具栏中的 图标按钮,打开"遮蔽-取消遮蔽"对话框。单击"取消遮蔽"按钮,切换到"取消遮蔽"选项卡。然后在"遮蔽的元件"列表中选中"LID_MOLD_WRK"工件,并单击 [去除遮蔽] 按钮,将其显示出来。单击对话框底部的 [关闭] 按钮,退出对话框。

⑬ 在图形窗口中选取如图 4-15 所示的面为顶平面,然后选取图中所示的孔的边界线。

⑭ 单击"选取"对话框中的 [确定] 按钮,返回"封合"菜单。

⑮ 单击"封闭环"菜单中的"完成/返回"命令,返回"聚合体积块"菜单。

⑯ 单击"聚合体积块"菜单中的"完成"命令,完成聚合体积块的创建操作。

⑰ 单击主菜单中的"视图"→"可见性"→"着色"命令,着色的聚合体积块如图 4-16 所示。

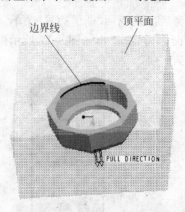

图 4-15　选取顶平面和边界线

图 4-16　着色的聚合体积块

（2）草绘主体积块

① 单击 图标按钮,在窗口空白处单击鼠标右键,在弹出的快捷菜单中选取"定义内部草绘"选项。选取基准平面 MAIN_PARTING_PIN 作为草绘平面,接受默认的视图方

向参照,单击鼠标中键进入二维草绘模式。

② 单击通过边创建图元 □ 图标按钮,绘制如图 4-17 所示的二维截面,并单击"草绘工具"工具栏中的 ☑ 图标按钮,完成草绘操作,返回"拉伸"操控面板。

③ 在"拉伸"操控面板上选取拉伸方式为"到选定的"。选取如图 4-18 所示的工件的底面作为拉伸终止面,单击操控面板右侧的 ☑ 图标按钮,完成主体体积块的创建。

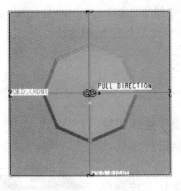

图 4-17　二维截面

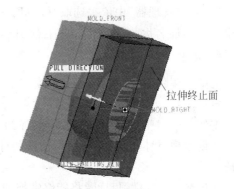

图 4-18　拉伸终止面

④ 单击右工具箱中的 ☑ 图标按钮,完成体积块的创建。

3. 分模

(1) 在右工具箱中单击分割体积块 🗗 图标按钮,在打开的"分割体积块"菜单中选取"两个体积块"、"所有工件"和"完成"选项。

(2) 选取上一步创建的体积块后单击鼠标中键,返回"分割"对话框。

(3) 单击"分割"对话框中的 [确定] 按钮,完成体积块分割。此时系统加亮显示分割生成的体积块,并弹出"属性"对话框。

(4) 在对话框中输入体积块的名称"core",然后单击 [着色] 按钮,着色的体积块如图 4-19 所示。

(5) 单击对话框底部的 [确定] 按钮,系统会加亮显示分割生成的另一个体积块,并弹出"属性"对话框。然后在该对话框中在打开的"属性"对话框中输入上模名称"cavity"。然后单击 [着色] 按钮,着色的上模如图 4-20 所示。

图 4-19　着色的"core"体积块

图 4-20　着色的"cavity"体积块

（6）单击 确定 按钮完成分割。

（7）在菜单管理器中依次选取"模具"→"模具元件"→"抽取"选项,按住 Ctrl 键,在打开的"创建模具元件"对话框中选取"cavity"和"core",单击 确定 按钮完成模具元件的抽取。在下拉菜单中选取"完成/返回"选项返回"模具"主菜单。

4. 填充

在"菜单管理器"中依次选取"模具"→"铸模"→"创建"选项,并在消息区中的文本框中输入零件名称"cr",然后单击右侧的 ✓ 图标按钮,完成铸模的创建。

5. 开模

遮蔽掉工件、体积块后,模具开模结果如图 4-21 所示。

任务总结

本任务通过塑件 lid 模具的设计,详细介绍了采用聚集体积块的方法创建模具体积块,并利用所创建的体积块分模,进行模具设计的过程。

通过本任务的学习,读者将能够掌握通过采用聚集体积块创建模具体积块的方法,并掌握利用模具体积块分模的模具设计方法。

图 4-21　开模

（二）任务 2：对塑件 gear 创建模具体积块

对如图 4-2 所示的塑件 gear,采用草绘体积块的方式创建模具体积块,并利用模具体积块分模,完成模具设计。

1. 建立模型

（1）设置工作目录。在 D 盘中建立一个新的文件夹"gear_mold",将光盘文件路径"/项目四/任务 2"下的文件"gear.prt"复制到文件夹"gear_mold"中。启动 Pro/E 后,单击主菜单中的"文件"→"设置工作目录"命令,打开"选取工作目录"对话框。然后通过"查找范围"下拉列表框,改变工作目录到"gear_mold"文件夹。

（2）创建一个新的项目文件。

（3）装配参照零件。

装配参照零件的操作步骤如下:

① 在菜单管理器中依次选取"模具"→"模具模型"→"装配"→"参照模型"选项。这时系统将打开先前设置的工作目录,选中参照零件"gear.prt"文件,单击 打开 按钮,将其导入。

② 选取参照零件的底面,然后选取模具组件基准平面 MAIN_PARTING_PIN,设置装配约束为"匹配",完成第一组约束。

③ 选取参照零件的基准平面 TOP,然后选取模具组件基准平面 MOLD_FRONT,设置装配约束为"匹配",完成第二组约束。

④ 选取参照零件的基准平面 RIGHT,然后选取模具组件基准平面 MOLD_PRIGHT,设置装配约束为"对齐",完成第三组约束。

（4）设置收缩率为"0.005"。

（5）创建工件。

操作步骤如下：

① 在菜单管理器中依次选取"模具模型"→"创建"→"工件"→"手动"选项，打开"元件创建"对话框，接受其中的默认设置，输入元件名称"workpiece"，然后单击 确定 按钮。

② 在打开的"创建选项"对话框中选取"创建特征"选项后单击 确定 按钮。

③ 在菜单管理器中选取"特征操作"→"实体"→"加材料"选项，打开"实体选项"菜单，选取"拉伸"→"实体"→"完成"选项，打开"拉伸"操控面板。

④ 在窗口空白处单击鼠标右键，在弹出的快捷菜单中选取"定义内部草绘"选项。选取基准平面 MAIN_PARTING_PIN 作为草绘平面，接受默认的视图方向参照，单击鼠标中键进入二维草绘模式。

⑤ 选取基准平面 MOLD_FRONT 和 MOLD_PRIGHT 参照平面，绘制如图 4-22 所示的二维截面，并单击"草绘工具"工具栏中的 ✓ 图标按钮，完成草绘操作，返回"拉伸"操控面板。

⑥ 在"拉伸"操控面板上单击 选项 按钮打开深度面板，设置第一侧和第二侧的拉伸深度分别为"30"和"20"，如图 4-23 所示。单击操控面板右侧的 ✓ 图标按钮，完成拉伸操作。在下拉菜单中单击两次"完成/返回"选项返回"模具"主菜单。完成的工件如图 4-24 所示。

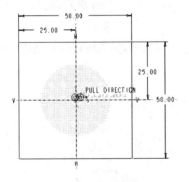

图 4-22　二维截面

图 4-23　拉伸深度

图 4-24　创建工件

2. 创建分模体积块

（1）单击"模具"工具栏中的创建体积块 图标按钮，进入体积块工作界面，单击右工具箱中的 图标按钮创建拉伸特征。

（2）在窗口空白处单击鼠标右键，在弹出的快捷菜单中选取"定义内部草绘"命令，然后选取基准平面 MAIN_PARTING_PIN 作为草绘平面，接受默认的视图方向参照，单击鼠标中键进入二维草绘模式。

（3）单击通过边创建图元 图标按钮，在草绘平面内绘制如图 4-25 所示的二维截面，并单击"草绘工具"工具栏中的 ✓ 图标按钮，完成草绘操作，返回"拉伸"操控面板。

（4）在"拉伸"操控面板上单击 图标按钮，选取拉伸方式为"到选定的"。选取如图 4-26 所示的工件的底面作为拉伸终止面，单击操控面板右侧的 ✓ 图标按钮，完成主体体积块的创建。创建的体积块如图 4-27 所示。

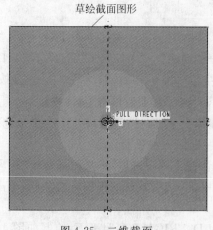

图 4-25 二维截面

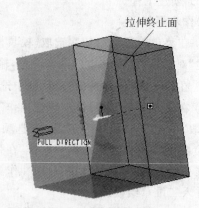

图 4-26 拉伸终止面

（5）在模型树中用鼠标右键单击工件，在弹出的快捷菜单中选择"遮蔽"命令，将其遮蔽。

（6）再次单击 图标按钮创建拉伸体积块，在打开的"草绘"对话框中单击 使用先前的 按钮选取与上一步相同的参照创建体积块，单击鼠标右键进入草绘模式。

（7）在草绘平面内绘制如图 4-28 所示的截面图形，并单击"草绘工具"工具栏的 ✓ 图标按钮，完成草绘操作，返回"拉伸"操控面板。深度设置方式与上一步的相同，选取如图 4-29 所示的平面作为拉伸终止面，单击操控面板右侧的 ✓ 图标按钮，生成如图 4-30 所示的分模体积块（遮蔽掉参照零件后）。单击右工具箱中的 ✓ 图标按钮，完成体积块的创建。

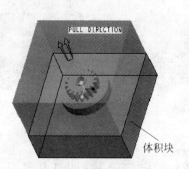

图 4-27 创建的体积块

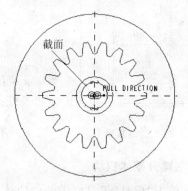

图 4-28 截面图形

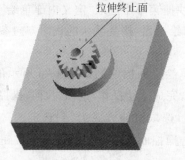

图 4-29 拉伸终止面

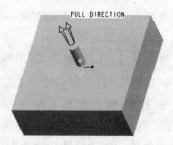

图 4-30 分模体积块

3. 分模

（1）在模型树中用鼠标右键单击工件,在弹出的快捷菜单中选择"撤销遮蔽"命令,将其显示。

（2）在右工具箱中单击分割体积块  图标按钮,在打开的"分割体积块"菜单中选取"两个体积块"、"所有工件"和"完成"选项。

（3）如图 4-31 所示,选取上一步创建的主体体积块作为分模体积块后单击鼠标中键,在打开的"岛列表"菜单中选取"岛 2"和"完成选取"选项,如图 4-32 所示。单击"分割"对话框中的 确定 按钮,完成体积块分割。

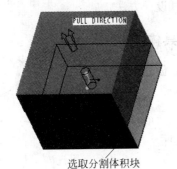

选取分割体积块

图 4-31　选取体积块

图 4-32　"岛列表"菜单

（4）在打开的"属性"对话框中输入上模名称"cavity",然后单击 着色 按钮,分割的上模如图 4-33 所示。单击 确定 按钮,再次打开"属性"对话框,输入下模名称"core",然后单击 着色 按钮,分割的下模如图 4-34 所示。单击 确定 按钮完成分割。

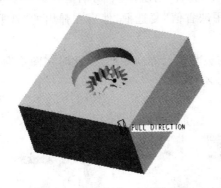

图 4-33　着色的"cavity"体积块

图 4-34　着色的"core"体积块

（5）在菜单管理器中依次选取"模具"→"模具元件"→"抽取"选项,按住 Ctrl 键,在打开的"创建模具元件"对话框中选取"cavity"和"core",单击 确定 按钮完成模具元件的抽取。在下拉菜单中选取"完成/返回"选项返回"模具"主菜单。

4. 填充

在"菜单管理器"中依次选取"模具"→"铸模"→"创建"选项,并在消息区中的文本框输入零件名称"cr",然后单击右侧的 ✓ 图标按钮,完成铸模的创建。

5. 开模

遮蔽掉工件、体积块后,模具开模结果如图 4-35 所示。

任务总结

本任务通过塑件 gear 模具的设计,详细介绍了采用草绘体积块的方法创建模具体积块,并利用所创建的体积块分模,进行模具设计的过程。

通过本任务的学习,读者将能够掌握通过草绘体积块创建模具体积块的方法,并掌握利用模具体积块分模的模具设计方法。

图 4-35　开模

（三）任务 3：对塑件 drawer 创建模具体积块

对如图 4-3 所示的塑件 drawer,使用滑块功能创建模具体积块。

1. 建立模型

(1) 新建一个模具文件 drawer_mold,将光盘上"项目四/任务 3/drawer.prt"导入,进行布局。

(2) 设置收缩率为"0.005"。

(3) 创建工件,如图 4-36 所示。

2. 创建模具体积块

(1) 单击"模具"工具栏中的 🖾 图标按钮,进入体积块工作界面。

(2) 遮蔽工件。

(3) 单击主菜单中的"插入"→"滑块"命令,打开"滑块体积"对话框。

(4) 取消选中"拖拉方向"区域中的"使用缺省值"复选框,然后在弹出的"选取方向"菜单中单击"曲线/边/轴"命令。

(5) 在图形窗口中选取如图 4-37 所示的边为拖拉方向参照边,此时在图形窗口中会出现一个红色箭头,表示拖拉方向,如图 4-38 所示。

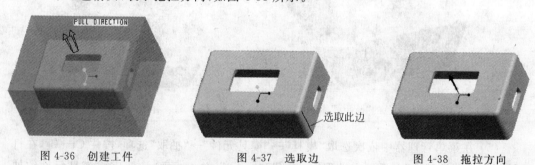

图 4-36　创建工件　　　　图 4-37　选取边　　　　图 4-38　拖拉方向

(6) 单击对话框中的 ［回 计算底切边界］ 按钮,系统将自动计算。计算完毕后,按住 Ctrl 键不放,并单击"排除"列表中的"面组 1"和"面组 2",将其选中。最后单击 ⟨⟨ 图标按钮,将其放置在"包括"列表中。

（7）单击"投影平面"区域中的 ⬚ 图标按钮，并在图形窗口中选取如图4-39所示的面为投影平面。

（8）单击对话框底部的 ☑ 图标按钮，完成滑块的创建操作。

（9）单击主菜单中的"视图"→"可见性"→"着色"命令，着色的滑块如图4-40所示。

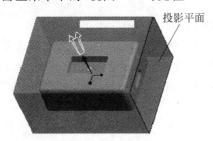

投影平面

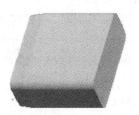

图4-39 选取投影平面 　　　　　图4-40 着色的滑块

任务总结

本任务通过塑件drawer模具的设计，详细介绍了使用滑块功能创建模具体积块的方法。通过本任务的学习，读者将能够掌握通过使用滑块功能创建模具体积块的方法。

四、项目总结

本项目通过三个任务，实施了通过体积块分模法模具设计的工作任务。详细介绍了Pro/E模具设计中创建体积块和滑块的基本技术。内容包括聚集体积块、草绘体积块和滑块功能，以及模具设计中利用体积块分割工件、抽取模具元件、填充和仿真开模的基本操作过程。

通过本项目的学习，读者将能够掌握创建模具体积块的方法，以及利用体积块进行模具设计的基本技术。

五、学生练习项目

1. 利用附盘文件"项目四/ex/ex4-1/ex4-1.prt"，对如图4-41所示的产品采用聚集体积块的方式进行模具设计。

2. 利用附盘文件"项目四/ex/ex4-2/ex4-2.prt"，对如图4-42所示的产品采用草绘体积块的方式进行模具设计。

图4-41 练习项目1图 　　　　　图4-42 练习项目2图

操作提示

练习项目1

1. 创建模具文件

（1）在计算机的 D 盘中，建立一个新的文件夹"ex4-1_mold"。

（2）将光盘文件路径"项目四/ex/ex4-1"下的文件"ex4-1.prt"复制到该文件夹中。

（3）启动 Pro/E 4.0 后，单击主菜单中的"文件"→"设置工作目录"命令，打开"选取工作目录"对话框，然后通过"查找范围"下拉列表框，改变工作目录到"ex4-1_mold"文件夹。

（4）创建一个新的模具文件。

2. 建立模具模型

（1）完成装配参照模型，结果如图 4-43 所示。

（2）设置收缩率为 0.005。

（3）按如图 4-44 所示尺寸设置工件尺寸，创建工件，结果如图 4-45 所示。

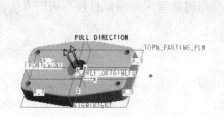

图 4-43　装配参照模型

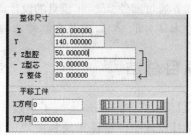

图 4-44　设置工件尺寸

3. 创建体积块

（1）创建聚集体积块

① 单击"模具"工具栏中的 ⚒ 按钮，进入体积块工作界面。

② 在模型树中用鼠标右键单击"EX4-1_MOLD_WRK.PRT"工件，并在弹出的快捷菜单中选择"遮蔽"命令，将其遮蔽。

③ 单击主菜单中的"编辑"→"收集体积块"命令，系统弹出"聚合步骤"菜单。接受该菜单中的默认设置，然后单击"完成"命令。

④ 在弹出的"聚合选取"菜单中单击"曲面和边界"→"完成"命令，然后在图形窗口中选取如图 4-45 所示的面为种子面。

⑤ 系统弹出"特征参考"参考菜单，在图形窗口中选取如图 4-46 所示的面为第一组边界面。

图 4-45　选取种子面　　　　　图 4-46　选取第一组边界

⑥ 选择模型至如图 4-47 所示的位置，然后按住 Ctrl 键不放，并选取如图 4-47 所示的面为第二组边界面。

⑦ 单击"特征参考"参考菜单中的"完成参考"命令，返回"曲面边界"菜单。

⑧ 单击"曲面边界"菜单中的"完成/返回"命令，系统弹出"封合"菜单，接受该菜单中默认的设置，单击"完成"命令。

⑨ 系统弹出"封闭环"菜单，在图形窗口中选取如图 4-48 所示的面为顶平面，然后选取图中所示的孔的边界线。

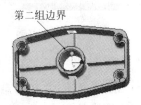

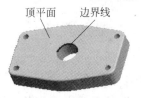

图 4-47　选取第二组边界　　　　　　图 4-48　顶平面

⑩ 单击"选取"对话框中的 确定 按钮，返回"封合"菜单。

⑪ 单击"封合"菜单中的"完成"命令，弹出"封闭环"菜单。

⑫ 单击工具栏中的 图标按钮，打开"遮蔽-取消遮蔽"对话框。单击"取消遮蔽"按钮，切换到"取消遮蔽"选项卡。然后在"遮蔽的元件"列表中选中"ex4-1_MOLD_WRK"工件，并单击 去除遮蔽 按钮，将其显示出来。单击对话框底部的 关闭 按钮，退出对话框。

⑬ 在图形窗口中选取如图 4-49 所示的面为顶平面，然后选取图中所示的孔的边界线。

⑭ 单击"选取"对话框中的 确定 按钮，返回"封合"菜单。

⑮ 单击"封闭环"菜单中的"完成/返回"命令，返回"聚合体积块"菜单。

⑯ 单击"聚合体积块"菜单中的"完成"命令，完成聚合体积块的创建操作。

⑰ 单击主菜单中的"视图"→"可见性"→"着色"命令，着色的聚合体积块如图 4-50 所示。

（2）创建分模体积块

创建分模体积块，如图 4-51 所示。

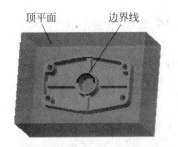

图 4-49　顶平面　　　　图 4-50　着色的聚合体积块　　　图 4-51　创建的分模体积块

（3）分模

cavity 分模如图 4-52 所示，core 分模如图 4-53 所示。

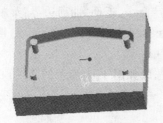 

图 4-52   cavity 分模   图 4-53   core 分模

（4）填充

在菜单管理器中依次选取"模具"→"铸模"→"创建"选项，并在消息区中的文本框输入零件名称"cr"，然后单击右侧的 ▱ 图标按钮，完成铸模的创建。

（5）开模

① 在工具栏中单击 ▨ 图标按钮，打开"遮蔽-取消遮蔽"对话框，将工件和分析曲面遮蔽。

② 在"模具"主菜单中依次选取"模具进料孔"→"定义间距"→"定义移动"选项。

③ 依次选取各个模具元件，定义移动间距。开模结果如图 3-98 所示。

练习项目 2

1. 创建模具文件

（1）在计算机的 D 盘中，建立一个新的文件夹"ex4-2_mold"。

（2）将光盘文件路径"项目四/ex/ex4-2"下的文件"ex4-2.prt"复制到该文件夹中。

（3）启动 Pro/E 4.0 后，单击主菜单中的"文件"→"设置工作目录"命令，打开"选取工作目录"对话框。然后通过"查找范围"下拉列表框，改变工作目录到"ex4-2_mold"文件夹。

（4）创建一个新的模具文件。

2. 建立模具模型

（1）在菜单管理器中依次选取"模具"→"模具模型"→"装配"→"参照模型"选项，选中参照零件"ex4-2.prt"文件，将其导入。

（2）选取参照零件的底面，然后选取模具组件基准平面 MAIN_PARTING_PIN，设置装配约束为"匹配"，完成第一组约束。

（3）选取参照零件的基准平面 TOP，然后选取模具组件基准平面 MOLD_FRONT，设置装配约束为"匹配"，完成第二组约束。

（4）选取参照零件的基准平面 RIGHT，然后选取模具组件基准平面 MOLD_PRIGHT，设置装配约束为"对齐"，完成第三组约束。

（5）设置收缩率为"0.005"。

（6）在菜单管理器中依次选取"模具模型"→"创建"→"工件"→"手动"选项，打开"元件创建"对话框，接受其中的默认设置，输入元件名称"workpiece"，然后单击 确定 按钮。

（7）在打开的"创建选项"对话框中选取"创建特征"选项后单击 确定 按钮。

（8）在菜单管理器中选取"特征操作"→"实体"→"加材料"选项，打开"实体选项"菜单，选取"拉伸"→"实体"→"完成"选项，打开"拉伸"操控面板。

（9）在窗口空白处单击鼠标右键，在弹出的快捷菜单中选取"定义内部草绘"命令。选取基准平面 MAIN_PARTING_PIN 作为草绘平面，接受默认的视图方向参照，单击鼠标中键进入二维草绘模式。

（10）选取基准平面 MOLD_FRONT 和 MOLD_PRIGHT 参照平面，绘制如图 4-54 所示的二维截面，并单击"草绘工具"工具栏中的 ✔ 图标按钮，完成草绘操作，返回"拉伸"操控面板。

（11）在"拉伸"操控面板上单击 选项 按钮打开深度面板，设置第一侧和第二侧的拉伸深度分别为"200"和"100"，完成拉伸操作。完成的工件如图 4-55 所示。

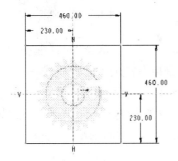

图 4-54　绘制的二维截面

图 4-55　拉伸的工件

3. 创建体积块

（1）单击"模具"工具栏中的创建体积块 图标按钮，进入体积块工作界面，单击右工具箱中的 图标按钮创建拉伸特征。

（2）在窗口空白处单击鼠标右键，在弹出的快捷菜单中选取"定义内部草绘"命令，然后选取基准平面 MAIN_PARTING_PIN 作为草绘平面，接受默认的视图方向参照，单击鼠标中键进入二维草绘模式。

（3）单击通过边创建图元 ⬜ 图标按钮，在草绘平面内绘制二维截面，并单击"草绘工具"工具栏中的 ✔ 图标按钮，完成草绘操作，返回"拉伸"操控面板。

（4）在"拉伸"操控面板上单击 ⊥ 图标按钮，选取拉伸方式为"到选定的"。选取工件的底面作为拉伸终止面，单击操控面板右侧的 ✔ 图标按钮，完成主体体积块的创建。创建的体积块如图 4-56 所示。

（5）在模型树中用鼠标右键单击工件，在弹出的快捷菜单中选择"遮蔽"命令，将其遮蔽。

图 4-56　创建的体积块

（6）再次单击 图标按钮创建拉伸体积块，在打开的"草绘"对话框中单击 使用先前的 按钮选取与上一步相同的参照创建体积块，单击鼠标右键进入草绘模式。

（7）在草绘平面内绘制如图 4-57 所示的截面图形,选取如图 4-58 所示的平面作为拉伸终止面,单击操控面板右侧的 ☑ 图标按钮,生成如图 4-59 所示的分模体积块(遮蔽参照零件后)。

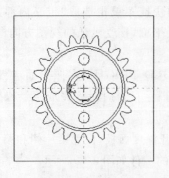

图 4-57　截面图形

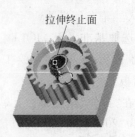

图 4-58　拉伸终止面

（8）再次单击 ⬚ 图标按钮创建拉伸体积块,在打开的"草绘"对话框中单击 [使用先前的] 按钮选取与上一步相同的参照创建体积块,单击鼠标右键进入草绘模式。

（9）在草绘平面内绘制如图 4-60 所示的截面图形,选取如图 4-61 所示的平面作为拉伸终止面,单击操控面板右侧的 ☑ 图标按钮,生成如图 4-62 所示的分模体积块(遮蔽参照零件后)。单击右工具箱中的 ☑ 图标按钮,完成体积块的创建。

图 4-59　分模体积块

图 4-60　截面图形

图 4-61　拉伸终止面

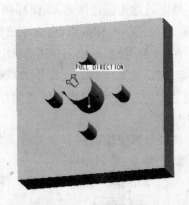

图 4-62　分模体积块

4．分模

cavity 分模如图 4-63 所示，core 分模如图 4-64 所示。

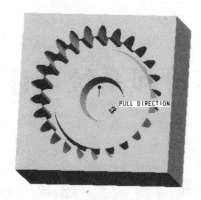

图 4-63　cavity 分模　　　　　　　　图 4-64　core 分模

5．填充

在菜单管理器中依次选取"模具"→"铸模"→"创建"选项，并在消息区中的文本框输入零件名称"cr"，然后单击右侧的 ☑ 图标按钮，完成铸模的创建。

6．开模

（1）在工具栏中单击 🖎 图标按钮，打开"遮蔽-取消遮蔽"对话框，将工件和分析曲面遮蔽。

（2）在"模具"主菜单中依次选取"模具进料孔"→"定义间距"→"定义移动"选项。

（3）依次选取各个模具元件，定义移动间距，进行开模。

浇注系统与冷却系统设计

教学目标

使学生在 Pro/E 模具设计模式下,实施模具浇注系统和冷却系统设计的工作过程,掌握浇注系统及冷却系统设计的方法。

一、项目介绍

该项目包含三个任务。

任务 1:对塑件 bowl 设计浇注系统,即对如图 5-1 所示的塑件 bowl,采用直浇口的方式设计浇注系统。

任务 2:对塑件 pestle 设计浇注系统,即对如图 5-2 所示的塑件 pestle,采用侧浇口的方式设计浇注系统。

图 5-1　塑件 bowl

任务 3:对塑件 bracket 设计浇注系统和冷却系统,即对如图 5-3 所示的塑件 bracket,采用一模四腔、侧浇口的方式设计浇注系统,并进行冷却系统的设计和水线检测。

图 5-2　塑件 pestle

图 5-3　塑件 bracket

二、相关知识

（一）浇注系统概述

浇注系统是指模具与注射机喷嘴接触处到模具型腔之间的塑料熔体的流动通道或在此通道内凝结的固体塑料。其主要作用是顺利、平稳、准确地输送成形材料，使其充满模具型腔，并在填充过程中将压力充分传递到模具型腔的各个部位，以便获得外形轮廓清晰、内部组织优良的制件。浇注系统可分为普通流道浇注系统和无流道（热流道）浇注系统两大类，本项目主要介绍普通流道浇注系统的设计。

在 Pro/ENGINEER Wildfire 系统中可用以下两种方法来创建浇注系统。

（1）使用"实体"特征中切减材料方式来建立浇注系统，一般可以采用拉伸流道横截面和旋转流道纵截面的方式来绘制。

（2）直接利用模具特征中的"流道"特征建立浇注系统。

对于塑料模具，浇注系统一般由主流道、分流道、冷料穴和浇口组成，如图 5-4 所示。

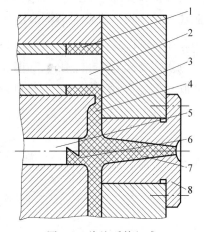

图 5-4　浇注系统组成

1—型腔(塑件)；2—型芯；3—浇口；4—分流道；
5—拉料杆；6—冷料穴；7—主流道；8—浇口套

1. 主流道

主流道是指浇注系统中从注射机喷嘴与模具接触处开始到分流道为止的塑料熔体的流动通道，是熔体最先流经模具的部分，它的形状与尺寸对塑料熔体的速度和充模时间有较大的影响，因此必须使熔体的温度和压力损失最小。

2. 分流道

分流道是指主流道末端与浇口之间的一段塑料熔体的流动通道。分流道的作用是改变熔体流向，使其以平稳的流态均衡地分配到各个型腔。设计时应注意尽量减小流动过程中的热量损失与压力损失。

3. 冷料穴

冷料穴位于主流道正对面的动模板上或处于分流道末端。其作用是容纳料流前锋的冷料，防止冷料进入型腔而影响塑件质量，开模时又能将主流道的凝料拉出。

4. 浇口

浇口亦称进料口，是连接分流道与型腔的熔体通道。浇口可分成限制性浇口和非限制性浇口两大类。限制性浇口是整个浇注系统中截面尺寸最小的部位，通过截面积的突然变化，使分流道送来的塑料熔体产生突变的流速增加，提高剪切速率，降低黏度，使其成为理想的流动状态，从而迅速均衡地充满型腔。对于多型腔模具，调节浇口的尺寸，还可以使非平衡布置的型腔达到同时进料的目的,提高塑件质量。另外,限制性浇口还起着较早固化防止型腔中熔体倒流的作用。非限制性浇口是整个浇口系统中截面尺寸最大的部位,它主要是对中大型筒类、壳类塑件型腔起引料和进料后的施压作用。

(二)常用浇口

1. 直接浇口

直接浇口又称"中心浇口",如图 5-5 所示,这种浇口的流动阻力小,进料速度快,在单型腔模具中常用来成形大而深的塑件。主流道锥角 $\alpha=2°\sim4°$。

2. 侧浇口

侧浇口又称为"标准浇口",如图 5-6 所示。一般开设在分型面上。从塑件侧面进料,能方便地调整充模时的剪切速率和浇口封闭时间。侧浇口适用于一模多件,能大大提高生产率。

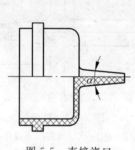

图 5-5　直接浇口

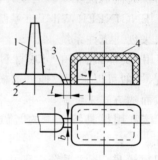

图 5-6　侧浇口

1—主流道；2—分流道；

3— 侧浇口；4—塑件

(三)多型腔的布置形式

多型腔模具的型腔在模具分型面上的排布形式如图 5-7 所示。图 5-7(a)～(c)的形式称为平衡式布置,其特点是从主流道到各型腔浇口的分流道的长度、截面形状与尺寸均对应相同,可实现型腔均匀进料和达到同时充满型腔的目的。图 5-7(d)～(f)的形式称为

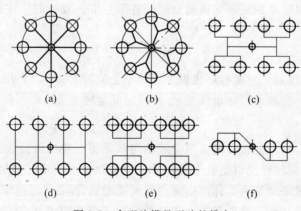

(a)　　　　　　(b)　　　　　　(c)

(d)　　　　　　(e)　　　　　　(f)

图 5-7　多型腔模具型腔的排布

非平衡式布置,其特点是主流道到各型腔浇口的分流道的长度不相同,因而不利于均衡进料,但这种方式可以明显缩短分流道的长度,节约塑件的原材料。

（四）冷却系统

塑料模具的温度直接影响着塑件的成形质量和生产效率。模具冷却中使用水冷是最普遍的方法,即在模具型腔周围和型芯内开设冷却水通道,使水在其中往复循环流动,从而带走热量,维持模具的温度。冷却水通道就称为"水线",如图 5-8 所示。

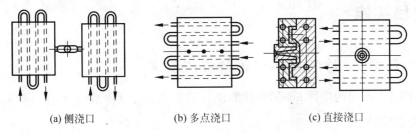

(a) 侧浇口　　　　(b) 多点浇口　　　　(c) 直接浇口

图 5-8　冷却水道布置形式

1. 水线特征的创建

在"模具"菜单管理器中依次单击"特征"→"型腔组件"→"水线"命令,系统弹出如图 5-9 所示的"水线"对话框。在创建水线回路时,有下列 4 个端点条件可利用。

（1）无：孔在圆环段端点处终止。

（2）盲孔：孔在圆环段端点处向外延伸一段距离,创建的孔具有钻孔末端。

（3）通孔：孔延伸至模型的曲面。

（4）通孔带有沉孔：孔延伸至模型的曲面并加工成为沉孔。

2. 水线间隙检测

水线间隙检测能避免干涉和薄壁情况。可以拾取所有水线、单独圆环或任意特征的曲面,反馈将由绿色（通过）和红色（未通过）显示。水线间隙检测是利用"模具分析"对话框来进行的。依次单击工具栏中的"分析"→"模具分析",系统打开如图 5-10 所示的"模具分析"对话框。

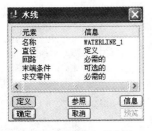

图 5-9　"水线"对话框

图 5-10　"模具分析"对话框

在“吃水线”选项组中可以选择所要检测的水线，默认设置是检测所有吃水线。

注意：

(1) 因为水线的端口与工件表面相通，所以工件表面会有一圈小于“1”的部分。此外，与水线端口相通的工件表面垂直的另一工件表面也会与水线的端口表面之间的间隙小于“1”。

(2) 系统将用色彩表示水线，红色（深色）的部分代表间隙小于“5”的部分，绿色（浅色）的部分代表间隙大于“5”的部分。

三、项目实施

（一）任务 1：对塑件 bowl 设计浇注系统

对如图 5-1 所示的塑件 bowl，采用直浇口的方式设计浇注系统，操作步骤如下。

1. 建立模型

(1) 新建一个模具文件 bowl_mold，将光盘上“项目五/任务 1/bowl. prt”导入，进行布局。

(2) 设置收缩率为“0.005”。

(3) 按如图 5-11 所示尺寸设置工件尺寸，创建工件，结果如图 5-12 所示。

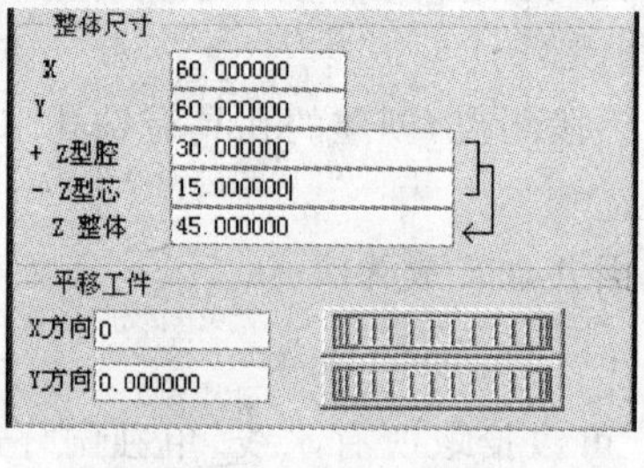

图 5-11 设置工件尺寸

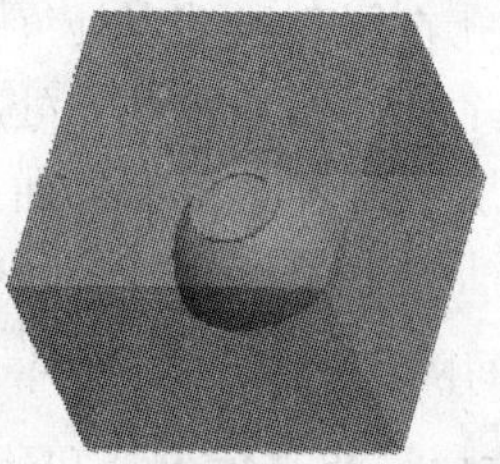

图 5-12 工件

2. 创建分型曲面

(1) 单击“模具”工具栏中的图标按钮，进入创建分型曲面工作界面。

(2) 单击主菜单中的“编辑”→“阴影曲面”命令，系统弹出“阴影曲面”对话框。

(3) 接受对话框中默认的设置，单击对话框底部的 确定 按钮，完成阴影曲面创建操作。

(4) 单击主菜单中的“视图”→“可见性”→“着色”命令，着色的分型曲面如图 5-13 所示。

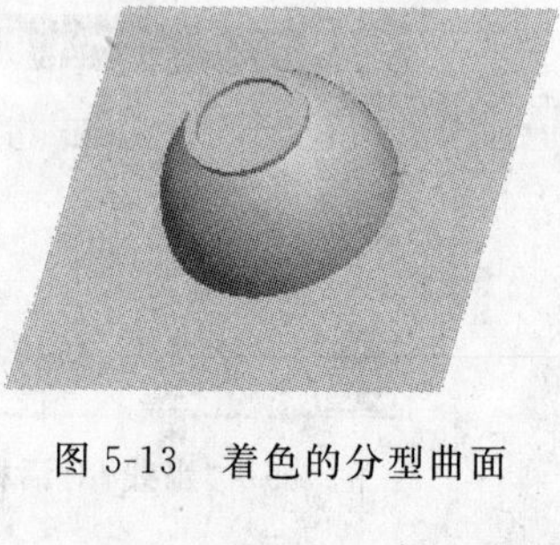

图 5-13 着色的分型曲面

3. 分模并抽取模具元件

以上步骤和前面项目完全一样，请参考相关步骤。

4. 创建浇注系统

(1) 单击模具菜单管理器中的“特征”→“型腔组件”→

"实体"→"切减材料"→"旋转/实体/完成"命令,打开"旋转"操控面板。

（2）在图形窗口中单击鼠标右键,并在弹出的快捷菜单中选择"定义内部草绘"命令,打开"草绘"对话框。

（3）选取基准平面"MOLD_FRONT"为草绘平面,系统将自动选取基准平面"MOLD_RIGHT"为"右"参照平面。单击"草绘"按钮,进入草绘模式。

（4）绘制如图 5-14 所示的二维截面,并单击"草绘工具"工具栏中的 ✔ 图标按钮,完成草绘工作,返回"旋转"操控面板。

（5）单击操控面板右侧的 ✔ 图标按钮,完成直浇口的创建,如图 5-15 所示。

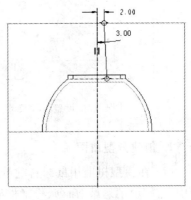

图 5-14 二维截面

5. 填充

在"菜单管理器"中依次选取"模具"→"铸模"→"创建"选项,并在消息区中的文本框输入零件名称"cr",然后单击右侧的 ✔ 按钮,完成铸模的创建。

6. 开模

开模结果如图 5-16 所示。

图 5-15 创建直浇口

图 5-16 开模

任务总结

本任务通过塑件 bowl 模具浇注系统的设计,详细介绍了创建直浇口的过程。通过本任务的学习,读者将能够掌握直浇口浇注系统的设计方法。

（二）任务 2：对塑件 pestle 设计浇注系统

对如图 5-2 所示的塑件 pestle,采用侧浇口的方式设计浇注系统。

1. 建立模型

（1）新建一个模具文件 pestle_mold,将光盘上"项目五/任务 2/pestle. prt"导入,进行布局。

（2）设置收缩率为"0.005"。

（3）按如图 5-17 所示尺寸设置工件尺寸，创建工件，结果如图 5-18 所示。

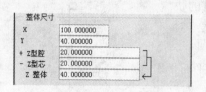

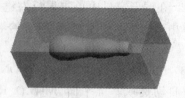

图 5-17　设置工件尺寸　　　　　　　　　　　　　图 5-18　工件

2. 创建分型曲面

（1）在模型树上用鼠标右键单击工件名"PESTLE_WRK. PRT"，并在弹出的快捷菜单中选择"取消遮蔽"命令，将工件显示出来。

（2）单击主菜单中的"编辑"→"填充"命令，打开"填充"操控面板。

（3）在图形窗口中单击鼠标右键，并在弹出的快捷菜单中选中"定义内部草绘"命令，打开"草绘"对话框。

（4）选取基准平面"MAIN_PARTING_PIN"作为草绘平面，接受默认的视图方向参照，单击鼠标中键进入二维草绘模式。

（5）绘制如图 5-19 所示的二维截面，并单击"草绘工具"工具栏中的 ✔ 图标按钮，完成草绘操作，返回"填充"操控面板。

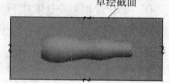

图 5-19　草绘截面

3. 分模并抽取模具元件

在右工具箱中单击分割体积块 按钮，完成分模操作。在菜单管理器中依次选取"模具"→"模具元件"→"抽取"选项，完成模具元件的抽取。

4. 创建浇注系统

（1）创建主流道

① 单击主菜单中的"插入"→"模具基准"→"平面"命令，系统弹出如图 5-20 所示的"基准平面"对话框。

② 在图形窗口中选取如图 5-21 所示的平面为参照平面，在"基准平面"对话框输入偏距为"15"。单击 确定 按钮，完成基准平面 ADTM1 的创建。

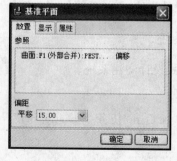

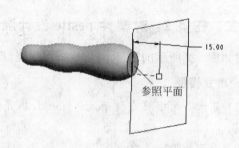

图 5-20　"基准平面"对话框　　　　　　　图 5-21　选取参照平面

③ 在模型树上用鼠标右键单击"PESTLE_MOLD_WRK. PRT",然后在弹出的快捷菜单中单击"撤销遮蔽"命令,将工件显示出来。

④ 单击模具菜单管理器中的"特征"→"型腔组件"→"实体"→"切减材料"→"旋转/实体/完成"命令,打开"旋转"操控面板。

⑤ 在图形窗口中单击鼠标右键,并在弹出的快捷菜单中选择"定义内部草绘"命令,打开"草绘"对话框。

⑥ 选取刚创建的基准平面"ADTM1"为草绘平面,单击"草绘"按钮,进入草绘模式。

⑦ 选取基准平面"MOLD_FRONT"和"MAIN_PARTING_PIN"为草绘参照。

⑧ 绘制如图 5-22 所示的二维截面,并单击"草绘工具"工具栏中的 ✔ 图标按钮,完成草绘工作,返回"旋转"操控面板。

⑨ 单击操控面板右侧的 ✔ 图标按钮,完成主流道的创建,如图 5-23 所示。

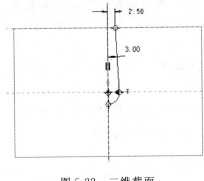

图 5-22　二维截面

图 5-23　主流道

(2) 创建分流道

① 单击模具菜单管理器中的"模具"→"特征"→"型腔组件"→"流道"命令,打开"流道"对话框。

② 在弹出的如图 5-24 所示的"形状"菜单中单击"倒圆角"命令,然后在消息区文本框中输入流道直径"4",并单击右侧的 ✔ 图标按钮。

③ 选取基准平面"MAIN_PARTING_PIN"为草绘平面,然后在弹出"方向"菜单中单击"正向"→"缺省"命令,进入草绘模式。

④ 绘制如图 5-25 所示的二维截面,并单击"草绘工具"工具栏中的 ✔ 图标按钮,完成草绘操作。

图 5-24　"形状"菜单

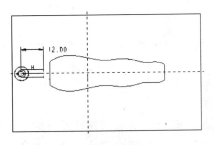

图 5-25　二维截面

⑤ 系统弹出"元件相交"对话框,单击对话框中的 自动添加 按钮,此时系统将自动添加相交元件。然后单击对话框底部的 确定 按钮,返回"流道"对话框。

⑥ 单击对话框底部的 确定 按钮,完成流道的创建操作。此时,系统将返回"特征操作"菜单。

（3）创建浇口

① 单击模具菜单管理器中的"模具"→"特征"→"型腔组件"→"流道"命令,打开"流道"对话框。

② 在弹出的"形状"菜单中单击"梯形"命令,然后在消息区文本框中输入流道宽度"2",并单击右侧的 ✓ 图标按钮。

③ 在消息区文本框中输入流道深度"1",并单击右侧的 ✓ 图标按钮。

④ 在消息区文本框中输入流道侧角度"10",并单击右侧的 ✓ 图标按钮。

⑤ 在消息区文本框中输入流道拐角直径"0.2",并单击右侧的 ✓ 图标按钮。

⑥ 在弹出的"设置草绘平面"菜单中单击"使用先前的"→"正向"命令,进入草绘模式。

⑦ 绘制如图 5-26 所示的二维截面,并单击"草绘工具"工具栏中的 ✓ 图标按钮,完成草绘操作。

⑧ 系统弹出"元件相交"对话框,单击对话框中的 自动添加 按钮,此时系统将自动添加相交元件。然后单击对话框底部的 确定 按钮,返回"流道"对话框。

⑨ 单击对话框底部的 确定 按钮,完成浇口的创建操作。

5. 填充

在"菜单管理器"中依次选取"模具"→"铸模"→"创建"选项,并在消息区中的文本框输入零件名称"cr",然后单击右侧的 ✓ 按钮,完成铸模的创建。

6. 开模

开模结果如图 5-27 所示。

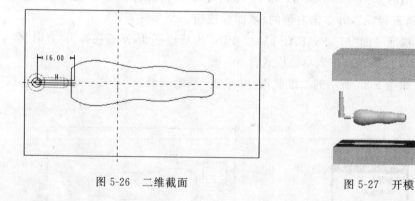

图 5-26　二维截面　　　　　　　图 5-27　开模

任务总结

本任务通过塑件 pestle 模具浇注系统的设计,详细介绍了创建侧浇口浇注系统的过程。通过本任务的学习,读者将能够掌握侧浇口浇注系统的设计方法。

（三）任务 3：对塑件 bracket 设计浇注系统和冷却系统

对如图 5-3 所示的塑件 bracket，采用一模四腔、侧浇口的方式设计浇注系统，并进行冷却系统的设计和水线检测。

1. 建立模型

（1）新建一个模具文件 bracket_mold，单击工具栏中的布置零件工具 图标按钮将光盘上"项目五/任务 3/bracket.prt"导入，系统弹出"布局"对话框，在对话框中进行如图 5-28 所示的设置。根据开模方向，布局参照模型，结果如图 5-29 所示。

图 5-28 "布局"对话框

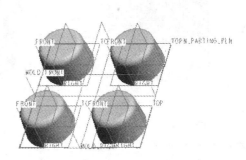

图 5-29 布局参照模型

（2）设置收缩率为"0.005"。单击工具栏中的 图标按钮，系统提示选取一个项目，选取其中一个参照模型，打开"按比例收缩"对话框，选取上一步所选的参照模型的坐标系，输入收缩率"0.005"后按 Enter 键确认，完成收缩率的设置。

（3）创建工件。单击工具栏中的 图标按钮，打开"自动工件"对话框。在图形窗口中选取"MOLD_CSYS_DEF"坐标系作为模具原点。在"整体尺寸"区域输入如图 5-30 所示的尺寸，设置工件的大小。单击对话框底部的 确定 按钮，创建的工件如图 5-31 所示。

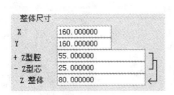

图 5-30 设置工件尺寸

图 5-31 创建工件

2. 创建分模体积块

（1）单击"模具"工具栏中的创建体积块 ⊲📋 图标按钮，进入体积块工作界面，单击右工具箱中的 🗗 图标按钮创建拉伸特征。

（2）在窗口空白处单击鼠标右键，在弹出的快捷菜单中选取"定义内部草绘"命令，然后选取基准平面 MAIN_PARTING_PIN 作为草绘平面，接受默认的视图方向参照，单击鼠标中键进入二维草绘模式。

（3）单击通过边创建图元 ▢ 图标按钮，在草绘平面内绘制如图 5-32 所示的二维截面，并单击"草绘工具"工具栏中的 ✔ 图标按钮，完成草绘操作，返回"拉伸"操控面板。

（4）在"拉伸"操控面板上单击 ⊥⊥ 图标按钮，选取拉伸方式为"到选定的"。选取如图 5-33 所示的工件的底面作为拉伸终止面，单击操控面板右侧的 ✔ 图标按钮，完成主体体积块的创建。

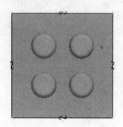

拉伸终止面

图 5-32　二维截面　　　　　　　图 5-33　拉伸终止面

3. 分模

完成模具体积块的分割和模具元件的抽取。

4. 创建浇注系统

（1）创建主流道

① 单击模具菜单管理器中的"特征"→"型腔组件"→"实体"→"切减材料"→"旋转/实体/完成"命令，打开"旋转"操控面板。

② 在图形窗口中单击鼠标右键，并在弹出的快捷菜单中选择"定义内部草绘"命令，打开"草绘"对话框。

③ 选取基准平面"MOLD_FRONT"为草绘平面，系统将自动选取基准平面"MOLD_RIGHT"为右参照平面。单击"草绘"按钮，进入草绘模式。

④ 绘制如图 5-34 所示的二维截面，并单击"草绘工具"工具栏中的 ✔ 图标按钮，完成草绘工作，返回"旋转"操控面板。

⑤ 单击操控面板右侧的 ✔ 图标按钮，完成主流道的创建，如图 5-35 所示。

（2）创建一次分流道

① 单击模具菜单管理器中的"模具"→"特征"→"型腔组件"→"流道"命令，打开"流道"对话框。

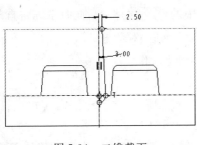

图 5-34   二维截面

图 5-35   创建主流道

② 在弹出的"形状"菜单中单击"倒圆角"命令,然后在消息区文本框中输入流道直径"6",并单击右侧的 ✔ 图标按钮。

③ 选取基准平面"MAIN_PARTING_PIN"为草绘平面,然后在弹出"方向"菜单中单击"正向"→"缺省"命令,进入草绘模式。

④ 绘制如图 5-36 所示的二维截面,并单击"草绘工具"工具栏中的 ✔ 图标按钮,完成草绘操作。

⑤ 系统弹出"元件相交"对话框,单击对话框中的 自动添加 按钮,此时系统将自动添加相交元件。然后单击对话框底部的 确定 按钮,返回"流道"对话框。

⑥ 单击对话框底部的 确定 按钮,完成流道的创建操作。此时,系统将返回"特征操作"菜单。

(3)创建二次分流道

① 单击模具菜单管理器中的"模具"→"特征"→"型腔组件"→"流道"命令,打开"流道"对话框。

② 在弹出的"形状"菜单中单击"倒圆角"命令,然后在消息区文本框中输入流道直径"3",并单击右侧的 ✔ 图标按钮。

③ 在弹出的"设置草绘平面"菜单中单击"使用先前的"→"正向"命令,进入草绘模式。

④ 绘制如图 5-37 所示的二维截面,并单击"草绘工具"工具栏中的 ✔ 图标按钮,完成草绘操作。

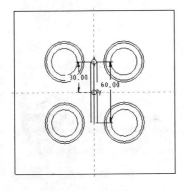

图 5-36   二维截面

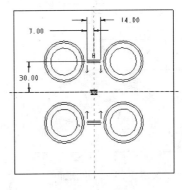

图 5-37   二维截面

提示：图 5-37 中的二维截面下方的线段是通过镜像操作得到的。

⑤ 系统弹出"元件相交"对话框，单击对话框中的 自动添加 按钮，此时系统将自动添加相交元件。然后单击对话框底部的 确定 按钮，返回"流道"对话框。

⑥ 单击对话框底部的 确定 按钮，完成流道的创建操作。

（4）创建浇口

① 单击模具菜单管理器中的"模具"→"特征"→"型腔组件"→"流道"命令，打开"流道"对话框。

② 在弹出的"形状"菜单中单击"梯形"命令，然后在消息区文本框中输入流道宽度"2"，并单击右侧的 ✔ 图标按钮。

③ 在消息区文本框中输入流道深度"1"，并单击右侧的 ✔ 图标按钮。

④ 在消息区文本框中输入流道侧角度"10"，并单击右侧的 ✔ 图标按钮。

⑤ 在消息区文本框中输入流道拐角直径"0.2"，并单击右侧的 ✔ 图标按钮。

⑥ 在弹出的"设置草绘平面"菜单中单击"使用先前的"→"正向"命令，进入草绘模式。

⑦ 绘制如图 5-38 所示的二维截面，并单击"草绘工具"工具栏中的 ✔ 图标按钮，完成草绘操作。

⑧ 系统弹出"元件相交"对话框，单击对话框中的 自动添加 按钮，此时系统将自动添加相交元件。然后单击对话框底部的 确定 按钮，返回"流道"对话框。

⑨ 单击对话框底部的 确定 按钮，完成浇口的创建操作。

5．填充

在"菜单管理器"中依次选取"模具"→"铸模"→"创建"选项，并在消息区中的文本框输入零件名称"cr"，然后单击右侧的 ✔ 按钮，完成铸模的创建。

6．开模

开模结果如图 5-39 所示。

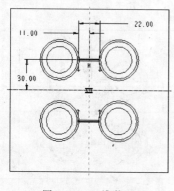

图 5-38　二维截面

图 5-39　开模

7. 冷却系统的设计

（1）单击模具菜单管理器中的"模具"→"特征"→"型腔组件"→"水线"命令，打开"水线"对话框。

（2）在消息区文本框中输入冷却水孔直径"6"，并单击右侧的 ✓ 图标按钮。

（3）系统弹出"设置草绘平面"菜单，单击主菜单中的"插入"→"模具基准"→"平面"命令，打开"基准平面"对话框。

（4）在图形窗口中选取基准平面"MAIN_PARTING_PLN"，并在"平移"文本框中输入偏移距离"40"，并回车确认，如图5-40所示。

（5）单击对话框底部的 确定 按钮，退出对话框，系统将自动选取刚创建的平面为草绘平面，并弹出如图5-41所示的"草绘视图"菜单。然后单击"缺省"命令，进入草绘模式。

图5-40　"基准平面"对话框

图5-41　"草绘视图"菜单

（6）单击主菜单中的"草绘"→"参照"命令，打开"参照"对话框，然后选取如图5-36所示的边为草绘参照。最后单击对话框底部的"关闭"按钮，退出对话框。

（7）绘制如图5-42所示的二维截面，并单击"草绘器工具"工具栏中的 ✓ 图标按钮，完成草绘操作。系统将弹出"相交元件"对话框，然后单击该对话框中的 自动添加 按钮，此时系统将自动选中"cavity"元件，如图5-43所示。

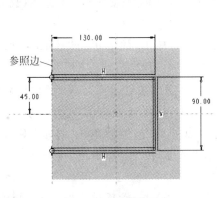

图5-42　二维截面

图5-43　"相交元件"对话框

（8）单击对话框底部的 [确定] 按钮，返回"水线"对话框。然后单击对话框底部的 [预览] 按钮，此时创建的冷却水道如图5-44所示。

（9）在对话框中选中"末端条件"选项，并单击 [定义] 按钮，系统弹出如图5-45所示的"尺寸界线末端"菜单。

冷却水道

图5-44　预览创建的冷却水道

图5-45　"尺寸界线末端"菜单

（10）在靠近如图5-46所示的曲线段左端点处单击，然后单击"选取"对话框中的 [确定] 按钮。系统弹出如图5-47所示的"规定端部"菜单。

（11）单击"规定端部"菜单中的"通过w/沉孔"和"完成/返回"命令，然后在消息区的文本框中输入沉孔直径"10"，并单击右侧的 ✔ 图标按钮。

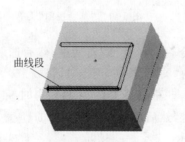

曲线段

图5-46　选取曲线段

图5-47　"规定端部"菜单

（12）在消息区的文本框中输入沉孔深度"12"，并单击右侧的 ✔ 图标按钮。系统将返回"尺寸界线末端"菜单。

（13）在靠近如图5-46所示的曲线段右端点处单击，然后单击"选取"对话框中的 [确定] 按钮。并在弹出的"规定端部"菜单中单击"盲孔"和"完成/返回"命令，然后在消息区的文本框中输入盲孔直径"5"，并单击右侧的 ✔ 图标按钮。系统又返回"尺寸界线末端"菜单。

（14）在靠近如图5-48所示的曲线段上端点处单击，然后单击"选取"对话框中的 [确定] 按钮。并在弹出的"规定端部"菜单中单击"通过"和"完成/返回"命令。系统又返回"尺寸界线末端"菜单。

（15）在靠近如图5-49所示的曲线段右端点处单击，然后单击"选取"对话框中的

$\boxed{\text{确定}}$按钮。并在弹出的"规定端部"菜单中单击"盲孔"和"完成/返回"命令,然后在消息区的文本框中接受默认的盲孔直径"5",并单击右侧的 ✔ 图标按钮。系统又返回"尺寸界线末端"菜单。

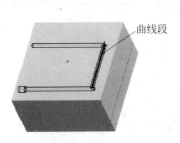

图 5-48 选取曲线段

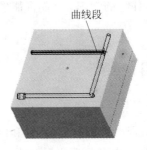

图 5-49 选取另一个曲线段

(16) 在靠近如图 5-49 所示的曲线段左端点处单击,然后单击"选取"对话框中的 $\boxed{\text{确定}}$ 按钮。并在弹出的"规定端部"菜单中单击"通过 w/沉孔"和"完成/返回"命令,然后在消息区的文本框中接受默认的沉孔直径"10",单击右侧的 ✔ 图标按钮。

(17) 接受默认的沉孔深度"12",并单击右侧的 ✔ 图标按钮。系统返回"尺寸界线末端"菜单。

(18) 单击"尺寸界线末端"菜单中的"完成/返回"命令,返回"水线"对话框。

(19) 单击对话框底部的 $\boxed{\text{确定}}$ 按钮,完成冷却水孔的创建操作。创建的冷却水道如图 5-50 所示。

8. 水线检测

(1) 依次单击工具栏中的"分析"→"模具分析",系统打开"模具分析"对话框。

(2) 在对话框中单击 $\boxed{\text{▶}}$ 按钮,然后在图形窗口中选择如图 5-51 所示的"CAVITY"元件。最后单击对话框中的 $\boxed{\text{计算}}$ 按钮,检测结果如图 5-51 所示。

结果显示,水线呈绿色,表示通过。

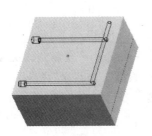

图 5-50 创建的冷却水道

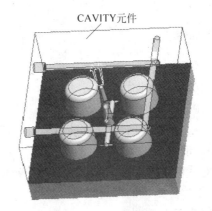

图 5-51 水线检测

任务总结

本任务通过塑件 bracket 一模多腔模具的设计,详细介绍了一模多腔模具的设计过程,同时采用侧浇口的方式设计浇注系统,并进行冷却系统的设计和水线检测。

通过本任务的学习,读者将能够掌握一模多腔模具的设计方法和冷却系统的设计方法。

四、项目总结

本项目通过三个任务,实施了浇注系统和冷却系统设计的工作任务,详细介绍了 Pro/E 模具设计中创建浇注系统和冷却系统的基本技术,内容包括直浇口浇注系统、侧浇口浇注系统、一模多腔浇注系统等,以及冷却系统设计和水线检测的基本操作过程。

通过本项目的学习,读者将能够掌握浇注系统和冷却系统的设计方法。

五、学生练习项目

1. 利用附盘文件"项目五/ex/ex5-1/ex5-1.prt",对如图 5-52 所示的产品采用直浇口设计浇注系统,并设计其冷却系统。

2. 利用附盘文件"项目五/ex/ex5-2/ex5-2.prt",对如图 5-53 所示的产品采用一模四腔设计模具,并进行侧浇口浇注系统设计和冷却系统设计,且对设计的冷却系统进行检测。

图 5-52　练习项目 1 图

图 5-53　练习项目 2 图

操作提示

练习项目 1

1. 创建模具文件

(1) 在计算机的 D 盘中,建立一个新的文件夹"ex5-1_mold"。

(2) 将光盘文件路径"项目五/ex/ex5-1"下的文件"ex5-1.prt"复制到该文件夹中。

(3) 启动 Pro/E 4.0 后,单击主菜单中的"文件"→"设置工作目录"命令,打开"选取工作目录"对话框。然后通过"查找范围"下拉列表框,改变工作目录到"ex5-1_mold"文件夹。

(4) 创建一个新的模具文件。

2. 创建工件

按如图 5-54 所示尺寸设置工件尺寸,创建工件,结果如图 5-55 所示。

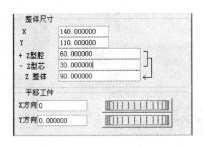

图 5-54　工件尺寸设置　　　　　　图 5-55　工件

3.创建分型曲面

(1)单击"模具"工具栏中的 图标按钮,进入创建分型曲面工作界面。

(2)单击主菜单中的"编辑"→"阴影曲面"命令,系统弹出"阴影曲面"对话框。

(3)接受对话框中默认的设置,单击对话框底部的 确定 按钮,完成阴影曲面创建操作。

(4)单击主菜单中的"视图"→"可见性"→"着色"命令,着色的分型曲面如图 5-56 所示。

4.分模并抽取模具元件

在右工具箱中单击分割体积块 按钮,完成分模操作。在菜单管理器中依次选取"模具"→"模具元件"→"抽取"选项,完成模具元件的抽取。

5.创建浇注系统

创建浇注系统如图 5-57 所示。

图 5-56　着色的分型曲面　　　　　图 5-57　创建浇注系统

6.填充

在"菜单管理器"中依次选取"模具"→"铸模"→"创建"选项,并在消息区中的文本框输入零件名称"cr",然后单击右侧的 按钮,完成铸模的创建。

7.创建冷却系统

创建冷却系统如图 5-58 所示。

8.水线检测

水线检测如图 5-59 所示。

9.开模

开模如图 5-60 所示。

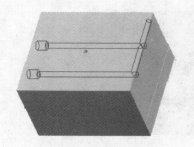
图 5-58　创建冷却系统

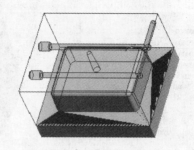
图 5-59　水线检测

图 5-60　开模

练习项目 2

1. 创建模具文件

（1）在计算机的 D 盘中，建立一个新的文件夹"ex5-2_mold"。

（2）将光盘文件路径"项目五/ex/ex5-2"下的文件"ex5-2.prt"复制到该文件夹中。

（3）启动 Pro/E 4.0 后，单击主菜单中的"文件"→"设置工作目录"命令，打开"选取工作目录"对话框，然后通过"查找范围"下拉列表框，改变工作目录到"ex5-2_mold"文件夹。

（4）创建一个新的模具文件。

2. 建立模具模型

在"布局"对话框中进行如图 5-61 所示的设置。完成参考零件的创建，结果如图 5-62 所示。

图 5-61　"布局"对话框

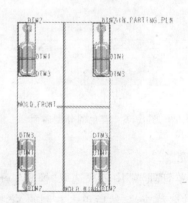
图 5-62　创建参考零件

3. 创建工件、分模体积块

创建工件、分模体积块，结果分别如图 5-63、图 5-64 所示。

4. 分模并抽取模具元件

在右工具箱中单击"分割体积块"按钮，完成分模操作。在菜单管理器中依次选取"模具"→"模具元件"→"抽取"选项，完成模具元件的抽取。

图 5-63　创建工件

图 5-64　创建分模体积块

5. 创建浇注系统

（1）单击模具菜单管理器中的"特征"→"型腔组件"→"实体"→"切减材料"→"旋转/实体/完成"命令，打开"旋转"操控面板，创建主流道。

（2）单击模具菜单管理器中的"模具"→"特征"→"型腔组件"→"流道"命令，打开"流道"对话框，创建分流道。

6. 填充

在"菜单管理器"中依次选取"模具"→"铸模"→"创建"选项，并在消息区中的文本框输入零件名称"cr"，然后单击右侧的 ✔ 按钮，完成铸模的创建。

7. 创建冷却系统

创建冷却系统如图 5-65 所示。

8. 水线检测

依次单击工具栏中的"分析"→"模具分析"，结果显示，水线呈绿色，表示通过。

9. 开模

开模如图 5-66 所示。

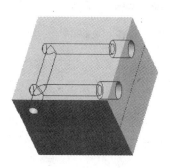

图 5-65　创建冷却系统

图 5-66　开模

模具检测分析

一、项目介绍

对如图 6-1 所示的塑件 cover，进行拔模检测、分型曲面检测和投影面积的计算。

图 6-1　塑件 cover

二、相关知识

对模具进行检测分析，主要包括拔模斜度、水线检测、投影面积计算、分型曲面检测等，这些检测操作要求在开模之前完成。

（一）拔模检测

使用拔模检测功能可以确定参照零件是否有足够的拔模斜度。要执行拔模检测，用户需要指定拔模斜度、脱模方向，以及是进行单向检测，还是双向检测。

对参照零件执行拔模检测后，系统将超出检测角度的曲面以洋红色显示，小于角度负值的曲面系统以蓝色显示，而处于两者之间的所有曲面则以代表相应角度的彩色光谱显示。

单击主菜单中的"分析"→"模具分析"命令,系统打开如图 6-2 所示的"模具分析"对话框。在"类型"栏中单击下三角按钮,弹出级联菜单。利用"模具分析"功能可进行拔模检测和吃水线检测,这两个检测的步骤基本相同。在上一个项目中已经进行了吃水线检测,选择拔模检测。

选择拔模检测后,系统使"模具分析"对话框中各项功能选项相应的发生变化,如图 6-3 所示。对话框中各项功能介绍如下。

图 6-2 "模具分析"对话框

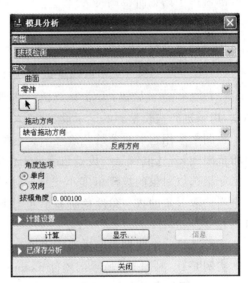

图 6-3 选择拔模检测后的对话框

1. "曲面"区域

在"曲面"栏中单击下三角按钮,弹出级联菜单,可以选择零件、曲面、面组、所有曲面来定义检测对象。

2. 按钮

用于选择检测对象。

3. "拖动方向"区域

用于选择开模方向。

提示:拖动方向是指开模方向,而不是指拔模方向。

在"拖动方向"栏中单击下三角按钮,弹出级联菜单,可以选择平面;坐标系;曲线、边或轴;默认拖动方向来定义拖动方向。

(1)平面:指要求选择一个平面,该平面的法线方向即为拖动方向。

(2)坐标系:指要求选择一个坐标系,该坐标系的轴(X、Y、Z)的正向为拖动方向。具体的轴可在弹出的相应对话框中选取。

(3)曲线、边或轴:指要求选择一条曲线、一条边或轴,该曲线的法线或边和轴的正向即为拖动方向。

（4）默认拖动方向。

4. "角度选项"

用于选择角度方向，输入拔模角度。

（1）"单向"：选择单侧拔模。在指定拔模角度值（例如 2）后，若选择单侧拔模时，色阶范围窗口中的色阶范围将为"0～2"。

（2）"双向"：选择双向拔模。在指定拔模角度值（例如 2）后，若选择双向拔模时，色阶范围窗口中的色阶范围将为"－2～2"。

5. "计算设置"区域

用于计算设置。

（1） 计算 按钮：单击该按钮，开始检测。

（2） 显示… 按钮：单击该按钮，系统弹出如图 6-4 所示的"拔模检测-显示设置"对话框，用于进行拔模检测的显示设置。

检测结果用选取对象的色阶显示和色阶范围图表示。对照被选取对象的色阶显示与色阶范围图，若选取对象的拔模角度大于指定值，则选取对象会以最大拔模角度的色阶显示。如果选取对象的拔模角度小于指定值，则选取对象会以最小拔模角度的色阶显示。只有当选取对象的拔模角度色阶显示处于指定的拔模角度色阶范围内时，拔模才能正常进行。

下面通过一个实例说明进行拔模检测的操作步骤。

实例 6-1　对图 6-5 所示的塑件 example6-1，进行拔模检测。

（1）打开光盘上"项目六/example/example6-1/example6-1_mold. mfg"文件。

（2）单击主菜单中的"分析"→"模具分析"命令，打开"模具分析"对话框。在"类型"下拉列表栏中选择"拔模检测"选项。

图 6-4　"拔模检测-显示
设置"对话框

图 6-5　塑件 example6-1

（3）单击"曲面"区域中的 ▶ 按钮，然后在图形窗口中选取参照零件，并单击"选取"对话框中的 确定 按钮，返回"模具分析"对话框。

（4）在"角度选项"区域中选中"双向"单选按钮，然后在"拔模角度"文本框中输入角度值"3"。

（5）单击 显示… 按钮，打开"拔模检测-显示设置"对话框。然后在该对话框中设置

"色彩数目"为"6",并选中"动态更新"复选框,如图 6-6 所示。

(6)单击对话框底部的 确定 按钮,返回"模具分析"对话框。

(7)单击 计算 按钮,系统将自动进行计算,然后显示如图 6-7 所示的计算结果,并提供如图 6-8 所示的光谱图供用户分析观察。

图 6-6 "拔模检测-显示设置"对话框   图 6-7 计算结果

(8)单击"已保存分析"选项前面的三角符号,打开如图 6-9 所示的"已保存分析"区域。然后在"名称"文本框中输入分析结果名称"check-1",并单击右侧的 按钮保存分析结果。最后选中保存的"check-1"分析结果,并单击 按钮,将其遮蔽。

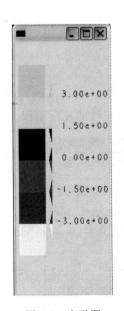

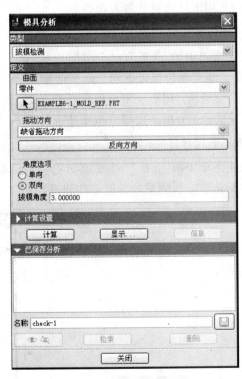

图 6-8 光谱图   图 6-9 保存分析结果

(9)在"拖动方向"栏中单击下三角按钮,在打开的下拉列表中选中"平面"选项。然后在图形窗口中选取基准平面"MOLD_RIGHT",此时基准平面"MOLD_RIGHT"上会显示一个红色箭头,表示拖动方向。

（10）单击 [计算] 按钮,系统将自动进行计算,然后显示如图 6-10 所示的计算结果,并提供光谱图供用户分析观察。

（11）保存分析结果名称为"check-2",然后选中保存的"check-2"分析结果,并单击 [⊙⚫] 按钮,将其遮蔽。

（12）单击对话框底部的 [关闭] 按钮,完成拔模检测。

实例总结：本实例详细介绍了进行拔模检测的基本过程,通过本实例读者将能够掌握拔模检测的基本技能。

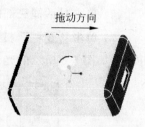

图 6-10　计算结果

（二）分型面检测

前面提到创建分型曲面有两个基本原则。

（1）分型曲面必须与工件完全相交。

（2）分型曲面不能与其自身相交。

Pro/E 模具设计模式下提供了分型面检测的功能。如果分型面有相交或孔,系统会在 Pro/E 窗口中指出它们的位置。在继续进行分割操作之前,必须修复这些不完善的地方,否则在以后的分割操作中会失败。用户还可以使用 Pro/E 提供的测量功能,计算分型面的面积,用于计算模具最大锁模力。

1. 分型曲面检测

单击主菜单中的"分析"→"分型面检测"命令,系统弹出如图 6-11 所示的"零件曲面检测"菜单。该菜单包括以下两个命令选项。

（1）自交检测：用于检测分型面是否自交。

（2）轮廓检测：用于检测分型面是否封闭。

2. 投影面积计算

单击主菜单中的"分析"→"投影面积"命令,系统弹出如图 6-12 所示的"测量"对话框。并自动选取需要测量的参照零件和投影方向,计算出参照零件的投影面积。

图 6-11　"零件曲面检测"菜单

图 6-12　"测量"对话框

下面通过一个实例说明进行分型面检测和投影面积计算的操作步骤。

实例 6-2 对如图 6-13 所示的塑件 example6-2,进行分型面检测和投影面积计算。

(1) 打开光盘上"项目六/example/example6-2/example6-2_mold.mfg"文件。

(2) 遮蔽工件和参照零件。

(3) 单击主菜单中的"分析"→"分型面检测"命令,并打开"零件曲面检测"菜单。

(4) 在图形窗口中选取创建的分型曲面,系统将自动进行自交检测,然后在消息区提示没有发生自交现象。

图 6-13 塑件 example6-2

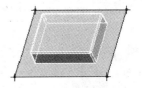

图 6-14 轮廓检查

(5) 单击"零件曲面检测"菜单中的"轮廓检查"命令。系统将自动进行检查,然后在消息区提示分型曲面有一条围线。结果如图 6-14 所示。

(6) 单击"轮廓检查"菜单中的"完成"命令,完成分型面的检测。

(7) 单击主菜单中的"分析"→"投影面积"命令,系统弹出"测量"对话框。

(8) 在图元下的下拉列表栏中选择"面组"。

(9) 单击 按钮,然后在图形窗口中选取分型曲面,系统将自动进行计算,并将计算结果显示在对话框中,如图 6-15 所示。

(10) 单击 关闭 按钮,完成投影面积的计算。

实例总结:本实例详细介绍了进行分型曲面检测、投影面积计算的基本过程,通过本实例读者将能够掌握分型曲面检测、投影面积计算的基本技能。

图 6-15 弹出"测量"对话框

三、项目实施

对如图 6-1 所示的塑件 cover,进行拔模检测、分型曲面检测和投影面积的计算。具体的操作步骤如下。

1. 建立模型

(1) 新建一个模具文件 cover_mold,将光盘上"项目六/任务/cover.prt"导入,进行布局。

(2) 设置收缩率为"0.005"。

(3) 创建工件。利用"自动工件"功能,在"自动工件"对话框的"整体尺寸"和"工件平移"区域中输入如图 6-16 所示的尺寸,创建的工件如图 6-17 所示。

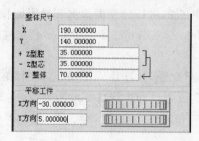

图 6-16　设置工件尺寸

图 6-17　创建工件

2. 拔模检测

(1) 遮蔽工件。

(2) 单击主菜单中的"分析"→"模具分析"命令,打开"模具分析"对话框。在"类型"下拉列表栏中选择"拔模检测"选项。

(3) 单击"曲面"区域中的 按钮,然后在图形窗口中选取参照零件,并单击"选取"对话框中的 确定 按钮,返回"模具分析"对话框。

(4) 在"角度选项"区域中选中"双向"单选按钮,然后在"拔模角度"文本框中输入角度值"1.1"。

提示:由于参照模型的拔模角度为 1°,所以输入的拔模角度要比 1°稍微大一点,才能得到正确的结果。

(5) 单击 显示... 按钮,打开"拔模检测—显示设置"对话框。然后在该对话框中设置"色彩数目"为"6",并选中"动态更新"复选框。

(6) 单击对话框底部的 确定 按钮,返回"模具分析"对话框。

(7) 单击 计算 按钮,系统将自动进行计算,然后显示如图 6-18 所示的计算结果,并提供如图 6-19 所示的光谱图供用户分析观察。

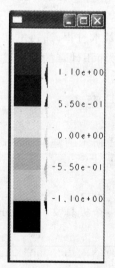

图 6-18　计算结果

图 6-19　光谱图

（8）单击"已保存分析"选项前面的三角符号，打开如图 6-20 所示的"已保存分析"区域。然后在"名称"文本框中输入分析结果名称"check-1"，并单击右侧的 按钮保存分析结果。最后选中保存的"check-1"分析结果，并单击 按钮，将其遮蔽。

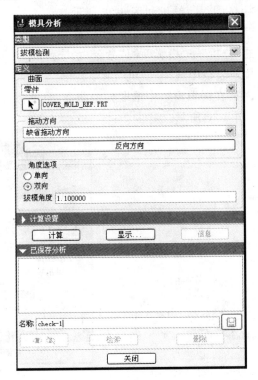

图 6-20 保存分析结果

（9）单击对话框底部的 关闭 按钮，完成拔模检测。

3. 创建分型曲面

（1）单击"模具"工具栏中的 图标按钮，进入创建分型曲面工作界面。

（2）显示工件。

（3）单击主菜单中的"编辑"→"阴影曲面"命令，系统将弹出"阴影曲面"对话框。

（4）接受对话框中默认的设置，单击对话框底部的 确定 按钮，完成阴影曲面创建操作。

（5）单击主菜单中的"视图"→"可见性"→"着色"命令，着色的分型曲面如图 6-21 所示。

（6）单击工具栏右侧的 图标按钮，完成分型曲面创建操作。

图 6-21 着色的分型曲面

4. 分型曲面的检测

（1）遮蔽工件和参照零件。

（2）单击主菜单中的"分析"→"分型面检测"命令，并打开"零件曲面检测"菜单。

（3）在图形窗口中选取创建的分型曲面，系统将自动进行自交检测，然后在消息区提示没有发生自交现象。

（4）单击"零件曲面检测"菜单中的"轮廓检查"命令。系统将自动进行检查，然后在消息区提示分型曲面有一条围线。结果如图 6-22 所示。

（5）单击"轮廓检查"菜单中的"完成"命令，完成分型面的检测。

（6）单击主菜单中的"分析"→"投影面积"命令，系统弹出"测量"对话框。

（7）在图元下的下拉列表栏中选择"面组"。

（8）单击 [▶] 按钮，然后在图形窗口中选取分型曲面，系统将自动进行计算，并将计算结果显示在对话框中，如图 6-23 所示。

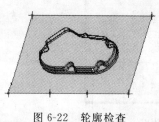

图 6-22   轮廓检查

图 6-23   计算结果

（9）单击 [关闭] 按钮，完成投影面积的计算。

5．分模

（1）在右工具箱中单击分割体积块 图标按钮，在"分割体积块"菜单中选取"两个体积块"、"所有工件"和"完成"选项。

（2）选取上一步创建的分型曲面后单击鼠标中键，返回"分割"对话框。

（3）单击"分割"对话框中的 [确定] 按钮，完成体积块分割。此时系统加亮显示分割生成的体积块，并弹出"属性"对话框。

（4）在对话框中输入体积块的名称"core"，然后单击 [着色] 按钮，着色的体积块如图 6-24 所示。

（5）单击对话框底部的 [确定] 按钮，系统会加亮显示分割生成的另一个体积块，并弹出"属性"对话框。然后在该对话框中输入体积块的名称"cavity"，并单击 [着色] 按钮，着色的体积块如图 6-25 所示。

（6）单击"分割"对话框中的 [确定] 按钮，完成分模操作。

（7）单击"模具"工具栏中的 图标按钮，打开"创建模具元件"对话框。然后单击 图标按钮，选中所有模具体积块。

图 6-24 着色的"core"体积块

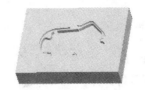

图 6-25 着色的"cavity"体积块

（8）单击对话框底部的 [确定] 按钮，完成抽取模具元件操作。

6. 填充

在"菜单管理器"中依次选取"模具"→"铸模"→"创建"选项，并在消息区中的文本框输入零件名称"cr"，然后单击右侧的 ✔ 按钮，完成铸模的创建。

7. 开模

在工具栏中单击 ✎ 图标按钮，打开"遮蔽-取消遮蔽"对话框。将分型曲面、工件、参照零件遮蔽。进行开模，结果如图 6-26 所示。

任务总结

本任务通过塑件 cover 模具的设计，详细介绍了拔模检测、分型曲面检测和投影面积计算的过程，同时完成模具设计。

通过本任务的学习，读者将能够掌握拔模检测、分型曲面检测和投影面积计算的方法。

图 6-26 开模

四、项目总结

本项目实施了拔模检测、分型曲面检测和投影面积计算的工作任务，详细介绍了 Pro/E 模具设计中拔模检测、分型曲面检测和投影面积计算的基本技术和基本操作过程。

通过本项目的学习，读者将能够掌握拔模检测、分型曲面检测和投影面积计算的方法。

五、学生练习项目

1. 利用附盘文件"项目六/ex/ex6-1/ex6-1. prt"，对如图 6-27 所示的产品进行拔模检测、分型曲面检测和投影面积计算。

2. 利用附盘文件"项目六/ex/ex6-2/ex6-2. prt"，对如图 6-28 所示的产品进行拔模检测、分型曲面检测和投影面积计算。

图 6-27 练习项目 1 图

图 6-28 练习项目 2 图

操作提示

练习项目1

1. 创建模具文件

（1）在计算机的 D 盘中，建立一个新的文件夹"ex6-1_mold"。

（2）将光盘文件路径"项目六/ex/ex6-1"下的文件"ex6-1.prt"复制到该文件夹中。

（3）启动 Pro/E 4.0 后，单击主菜单中的"文件"→"设置工作目录"命令，打开"选取工作目录"对话框。然后通过"查找范围"下拉列表框，改变工作目录到"ex6-1_mold"文件夹。

（4）创建一个新的模具文件。

2. 建立模具模型

利用"自动工件"功能，在"自动工件"对话框的"整体尺寸"和"工件平移"区域中输入如图 6-29 所示的尺寸，创建的工件如图 6-30 所示。

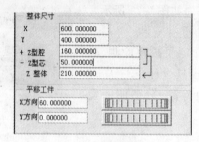

图 6-29　设置尺寸

图 6-30　创建的工件

3. 拔模检测

遮蔽工件，进行拔模检测，在"模具分析"对话框中单击"双向"单选按钮，设置拔模角度为"3"，结果如图 6-31 和图 6-32 所示。

图 6-31　计算结果

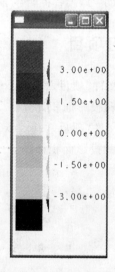

图 6-32　光谱图

4. 创建投影曲面

(1) 单击"模具"工具栏中的  图标按钮,进入创建分型曲面工作界面。

(2) 单击主菜单中的"编辑"→"阴影曲面"命令,创建投影曲面,如图 6-33 所示。

5. 分型曲面检测

(1) 遮蔽工件和参照零件。

(2) 单击主菜单中的"分析"→"分型面检测"命令,打开"零件曲面检测"菜单。

(3) 在图形窗口中选取创建的分型曲面,系统将自动进行自交检测,然后在消息区提示没有发生自交现象。

(4) 单击"零件曲面检测"菜单中的"轮廓检查"命令。系统将自动进行检查,然后在消息区提示分型曲面有一条围线。结果如图 6-34 所示。

6. 投影面积计算

(1) 单击主菜单中的"分析"→"投影面积"命令,系统弹出"测量"对话框。

(2) 在图元下的下拉列表栏中选择"面组"。

(3) 单击 ✔ 按钮,然后在图形窗口中选取分型曲面,系统将自动进行计算,并将计算结果显示在对话框中,如图 6-35 所示。

图 6-33　投影曲面

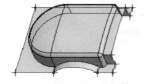

图 6-34　分型面检测

图 6-35　"测量"对话框计算结果

练习项目 2

1. 创建模具文件

(1) 在计算机的 D 盘中,建立一个新的文件夹"ex6-2_mold"。

(2) 将光盘文件路径"项目六/ex/ex6-2"下的文件"ex6-2.prt"复制到该文件夹中。

(3) 启动 Pro/E 4.0 后,单击主菜单中的"文件"→"设置工作目录"命令,打开"选取工作目录"对话框。然后通过"查找范围"下拉列表框,改变工作目录到"ex6-2_mold"文件夹。

(4) 创建一个新的模具文件。

2. 建立模具模型

利用"自动工件"功能,在"自动工件"对话框的"整体尺寸"和"工件平移"区域中输入如图 6-36 所示的尺寸,创建的工件如图 6-37 所示。

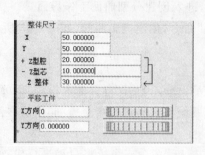

图 6-36　设置尺寸

图 6-37　创建的工件

3. 拔模检测

遮蔽工件,然后进行拔模检测,在"模具分析"对话框中单击"双向"单选按钮,设置拔模角度为"2.5",结果如图 6-38 和图 6-39 所示。

图 6-38　计算结果

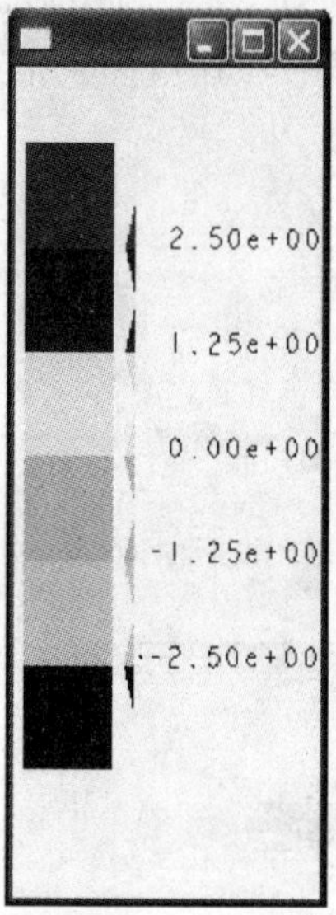

图 6-39　光谱图

4. 创建投影曲面

(1) 单击"模具"工具栏中的 图标按钮,进入创建分型曲面工作界面。

(2) 单击主菜单中的"编辑"→"阴影曲面"命令,创建投影曲面,如图 6-40 所示。

5. 分型曲面检测

(1) 遮蔽工件和参照零件。

(2) 单击主菜单中的"分析"→"分型面检测"命令,打开"零件曲面检测"菜单。

(3) 在图形窗口中选取创建的分型曲面,系统将自动进行自交检测,然后在消息区提示没有发生自交现象。

(4) 单击"零件曲面检测"菜单中的"轮廓检查"命令。系统将自动进行检查,然后在消息区提示分型曲面有一条围线。结果如图 6-41 所示。

6. 投影面积计算

(1) 单击主菜单中的"分析"→"投影面积"命令,系统弹出"测量"对话框。

(2) 在图元下的下拉列表栏中选择"面组"。

(3) 单击 ✔ 按钮,然后在图形窗口中选取分型曲面,系统将自动进行计算,并将计算结果显示在对话框中,如图 6-42 所示。

图 6-40　投影曲面

图 6-42　投影面积计算结果

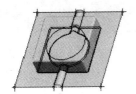

图 6-41　分型曲面检测

注 塑 顾 问

教学目标

使学生利用 Pro/E 注塑顾问模块，实施模流分析工作过程，掌握模流分析及查看其结果和制造报告书的方法。

一、项目介绍

对如图 7-1 所示的塑件 mobile，进行模流分析，并制作报告书。

图 7-1　塑件 mobile

二、相关知识

（一）注塑顾问简介

注塑顾问是 Pro/E 系统的可选模块之一，主要用来模拟注射成形过程。在安装 Pro/E 软件时，必须选择"Pro/Plastic Advisor"选项，才能使用 Pro/E 注塑顾问功能。

注塑顾问可以对塑料件及所选择的注射成形工艺进行注射成形过程模拟，并产生模拟结果。注塑顾问具有如下功能。

（1）选择合适的材料。

（2）优化成形工艺参数。

（3）确定浇口位置和数量。

（4）预测熔接纹的位置。

（5）预测填充不足、过热及过压等缺陷。

（二）注塑顾问界面

进入注塑顾问模式的操作步骤如下：

（1）打开用于模流分析的零件文件。

（2）单击主菜单中的"应用程序"→"Plastic Advisor"命令。此时系统提示选取注射点，可以根据需要选取或不选取注射点。

（3）选取注射点后，并单击"选取"对话框中的 确定 按钮。系统进入注塑顾问窗口，如图 7-2 所示。

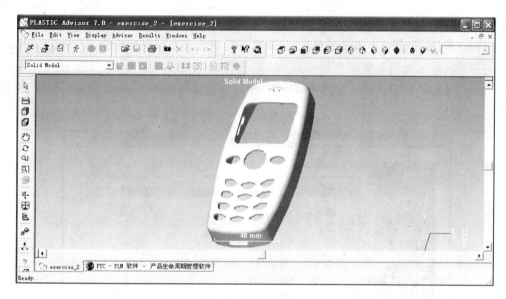

图 7-2　注塑顾问窗口

提示：可以不选取注射点，直接单击鼠标中键，进入注塑顾问窗口。在注塑顾问窗口中也可以指定注射点，但只能指定大致的位置。因此，在一般情况下还是应该在零件模式中创建注射点，并且在进入注塑顾问时指定注射点。

注塑顾问界面中主要包括"Adviser"工具栏、"Results"工具栏和"View Point"工具栏等。可以在任意一个工具栏上单击鼠标右键，在弹出的快捷菜单中勾选或取消选择来打开或关闭相应的工具栏。各工具栏的功能如下。

1. "Adviser"工具栏

在默认情况下，"Adviser"工具栏位于窗口的顶部，包括如图 7-3 所示的 6 个图标按钮。

（1）🖉 图标按钮：该图标按钮用于指定注射点。

（2）🖅 图标按钮：单击该图标按钮，系统弹出如图 7-4 所示的"Modeling Tools"对话框。在该对话框中，可以新建

图 7-3　"Adviser"工具栏

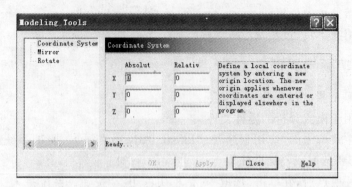

图 7-4　"Modeling Tools"对话框

坐标系、改变模型的位置。

（3）☑图标按钮：单击该图标按钮，系统将自动检查当前模型是否存在错误。

（4）☆图标按钮：单击该图标按钮，系统弹出如图 7-5 所示的"Analysis Wizard-Analysis Selection"对话框。在该对话框中，可以选择分析的类型，如最佳浇口位置、模流分析等。

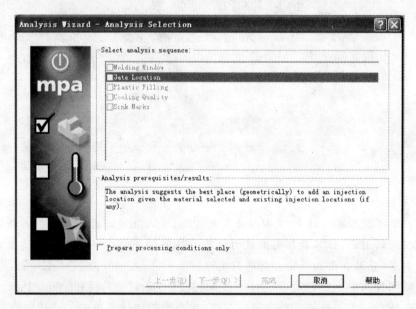

图 7-5　"Analysis Wizard-Analysis Selection"对话框

（5）●图标按钮：单击该图标按钮，可以中止正在进行的分析。

（6）�★图标按钮：单击该图标按钮，系统弹出如图 7-6 所示的"Results Advice"对话框。在该对话框中，可以查看指定位置的分析结果。

2. "Results"工具栏

"Results"工具栏主要用于查看分析结果，下面将简单介绍如图 7-7 所示的"Results"工具栏上几个常用工具的作用。

图 7-6 "Results Advice"对话框

图 7-7 "Results"工具栏

（1）"结果类型"下拉列表框：该下拉列表框包含所有的分析结果，如图 7-8 所示。用户可以单击右上侧的 ▼ 按钮，并在打开的下拉列表框中选择需要查看的分析结果类型。

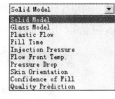

图 7-8 "结果类型"下拉列表框

① "Plastic Flow"选项：该选项用于模拟各个时刻塑料成形流动的情况。

② "Fill Time"选项：该选项用于表示塑料从浇口到当前位置的注射流动时间。

③ "Injection Pressure"选项：该选项用于表示当前位置的注射压力。

④ "Flow Front Temp"选项：该选项用于表示注射过程中塑料温度的变化。

⑤ "Pressure Drop"选项：该选项用于表示浇口到当前位置的压力差值。

⑥ "Confidence of Fill"选项：该选项用于表示填充质量。

⑦ "Quality Prediction"选项：该选项用于预测零件的最终外观质量和机械性能。

⑧ "Solid Model"选项：该选项用于显示实体模型。

⑨ "Glass Model"选项：该选项用于显示透明模型。

⑩ "Skin Orientation"选项：该选项用于表示表面取向。

（2） 图标按钮：该图标按钮用于在模型上显示熔接纹的位置。

（3） 图标按钮：该图标按钮用于在模型上显示气泡的位置。

（4） 图标按钮：单击该图标按钮，系统弹出如图 7-9 所示的"Results Summary"对话框。在该对话框中，显示了分析结果的摘要。

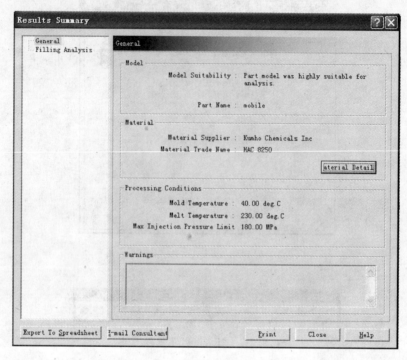

图 7-9 "Results Summary"对话框

（5）图标按钮：单击该图标按钮，系统弹出如图 7-10 所示的"Report Wizard"对话框。该对话框用于制造报告书。

图 7-10 "Report Wizard"对话框

3. "View Point"工具栏

"View Point"工具栏如图 7-11 所示,该工具栏用于选择观察模型的视角。

图 7-11 "View Point"工具栏

三、项目实施

对如图 7-1 所示的塑件 mobile,进行模流分析及查看分析结果的操作步骤如下。

1. 确定最佳浇口位置

(1)打开光盘上"项目七/任务/mobile. prt"文件。

(2)单击主菜单中的"应用程序"→"Plastic Advisor"命令,然后单击鼠标中键,进入注塑顾问窗口。

(3)在任意一个工具栏上单击鼠标右键,并在弹出的快捷菜单中选择"View Point"命令,打开"View Point"工具栏。

(4)单击"View Point"工具栏中的 ❖ 图标按钮,打开"View Rotation"对话框。然后输入如图 7-12 所示的数值,并单击对话框底部的 OK 按钮,完成视图的旋转操作。此时,零件在图形窗口中的位置如图 7-13 所示。

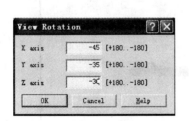

图 7-12 "View Rotation"对话框

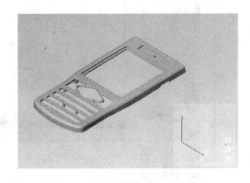

图 7-13 视图旋转后的零件位置

(5)单击"Adviser"工具栏中的 图标按钮,并打开"Analysis Wizard-Analysis Selection"对话框。在对话框中选中"Gate Location"选项,如图 7-14 所示。

(6)单击对话框底部的 下一步(N) > 按钮,打开"Analysis Wizard-Select Material"对话框,并选中"Specific Material"单选按钮。然后在"Manufacturer"下拉列表框中选择"Kumho Chemicals Inc"选项,在"Trade name"下拉列表框中选择"HAC 8265"选项,如图 7-15 所示。

(7)单击对话框底部的 下一步(N) > 按钮,打开如图 7-16 所示的"Analysis Wizard-Processing Conditions"对话框。接受该对话框中的默认设置,并单击对话框底部的 完成 按钮。此时,系统将开始进行分析。

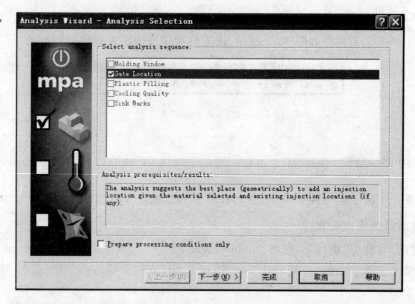

图 7-14 "Analysis Wizard-Analysis Selection"对话框

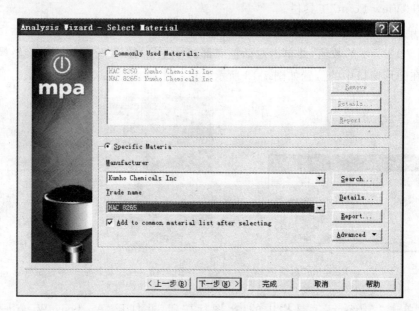

图 7-15 "Analysis Wizard-Select Material"对话框

（8）分析完成后，系统弹出如图 7-17 所示的"Results Summary"对话框。单击该对话框底部的 ___Close___ 按钮，退出对话框。系统将用色谱图表示最佳浇口位置，如图 7-18 所示。其中，蓝色表示最佳浇口的位置，红色表示最差浇口的位置。

2. 模流分析

（1）单击"Adviser"工具栏中的 图标按钮，然后在图形窗口中选取浇口位置如图 7-19 所示。

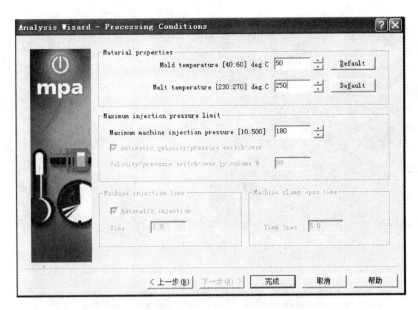

图 7-16 "Analysis Wizard-Processing Conditions"对话框

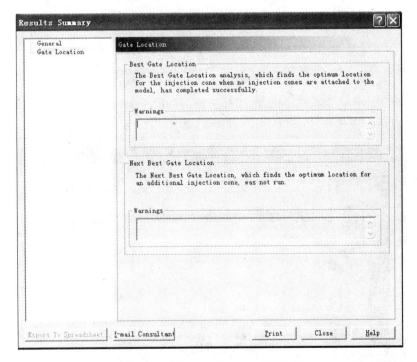

图 7-17 "Results Summary"对话框

（2）系统弹出如图 7-20 所示的"Unsaved analysis results or processing conditions"对话框，单击该对话框中的 [是(Y)] 按钮，打开"另存为"对话框。

（3）在对话框中指定好保存位置后，然后单击对话框中的"保存"按钮，返回注塑顾问窗口。

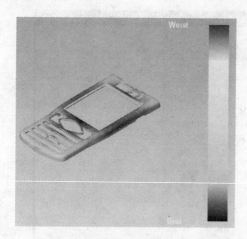

图 7-18   最佳浇口位置

图 7-19   选取浇口位置

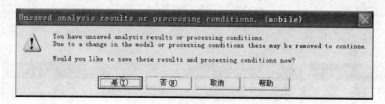

图 7-20   "Unsaved analysis results or processing conditions"对话框

（4）单击"Adviser"工具栏中的 图标按钮，打开"Analysis Wizard-Analysis Selection"对话框。在对话框中选取"Plastic Filling"选项，如图 7-21 所示。

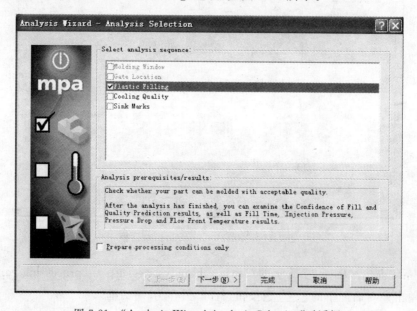

图 7-21   "Analysis Wizard-Analysis Selection"对话框

（5）单击对话框底部的 下一步(N) > 按钮，打开"Analysis Wizard-Select Material"对话框，并接受默认的材料设置。

（6）单击对话框底部的 下一步(N) > 按钮，打开"Analysis Wizard-Processing Conditions"对话框。接受该对话框中的默认设置，并单击该对话框底部的 完成 按钮。

（7）在弹出的"Unsaved analysis results or processing conditions"对话框中，单击 是(Y) 按钮，此时，系统将开始进行分析。

（8）分析完成后，系统弹出"Result Summary"对话框。然后单击该对话框底部的 Close 按钮，退出对话框。系统将自动选择"confidence of Fill"结果类型，并用色谱图表示分析结果，如图 7-22 所示。由图中可以看出填充质量较好。

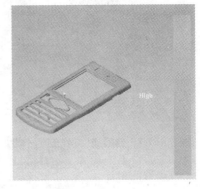

图 7-22　分析结果

3. 查看分析结果

（1）单击"Results"工具栏中的"结果类型"下拉列表框右侧的 ▼ 按钮，并在打开的列表框中选择"Plastic Flow"选项。

（2）拖动如图 7-23 所示的"Animation"工具栏中的滑块至 25%，此时的模流图如图 7-23 所示，70%时的模流图如图 7-24 所示。

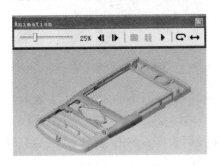

图 7-23　25%时的模流图

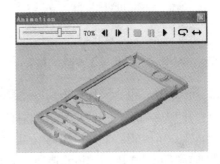

图 7-24　70%时的模流图

提示： 用户可以单击"Animation"工具栏中的 ▶ 图标按钮，以动画的形式来观看整个填充过程。

（3）单击"Results"工具栏中的"结果类型"下拉列表框右侧的 ▼ 按钮，并在打开的列表框中选择"Fill Time"选项。

（4）拖动"Animation"工具栏中的滑块至 30%，此时的填充时间图如图 7-25 所示，80%时的填充时间图如图 7-26 所示。

（5）单击"Results"工具栏中的"结果类型"下拉列表框右侧的 ▼ 按钮，并在打开的列表框中选择"Injection Pressure"选项。此时的注射压力图如图 7-27 所示。

（6）单击"Results"工具栏中的"结果类型"下拉列表框右侧的 ▼ 按钮，并在打开的列表框中选择"Flow Front Temp"选项。此时的坡前温度图如图 7-28 所示。

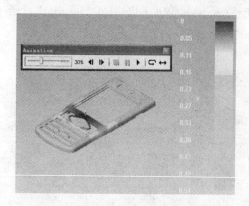

图 7-25 30％时的填充时间图

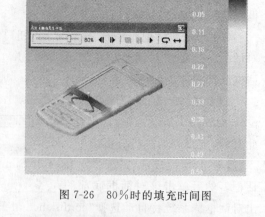

图 7-26 80％时的填充时间图

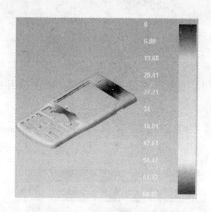

图 7-27 注射压力图

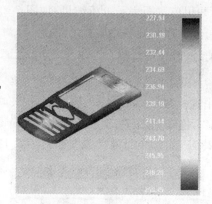

图 7-28 坡前温度图

（7）单击"Results"工具栏中的"结果类型"下拉列表框右侧的 ▼ 按钮，并在打开的列表框中选择"Pressure Drop"选项。此时的压降图如图 7-29 所示。

（8）单击"Results"工具栏中的"结果类型"下拉列表框右侧的 ▼ 按钮，并在打开的列表框中选择"Quality Prediction"选项。此时的质量图如图 7-30 所示。

图 7-29 压降图

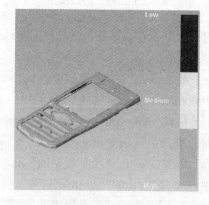

图 7-30 质量图

（9）单击"Results"工具栏中的"结果类型"下拉列表框右侧的 ▼ 按钮，并在打开的列表框中选择"Glass Model"选项。然后分别单击"Results"工具栏中的 图标按钮和 图标按钮。此时在零件上显示的熔接纹和气泡如图7-31所示。

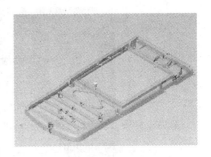

图7-31 熔接纹和气泡

4．制作报告书

（1）单击"Results"工具栏中的 图标按钮，系统将弹出"Report Wizard"对话框。接受该对话框中的默认设置，然后单击对话框底部的 下一步(N) > 按钮。

（2）系统弹出如图7-32所示的对话框，输入如图7-32所示的文字，然后单击对话框底部的 下一步(N) > 按钮。

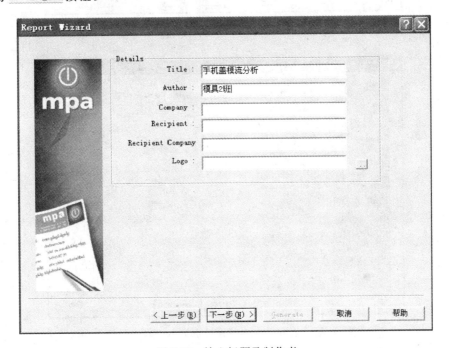

图7-32 输入标题及制作者

（3）系统弹出如图7-33所示的对话框。接受该对话框中的默认设置，然后单击对话框底部的 下一步(N) > 按钮。

（4）系统弹出如图7-34所示的对话框，然后单击对话框底部的 Generate 按钮，打开"Select target directory"对话框。

（5）在对话框中指定好保存位置后，单击对话框底部的 Select 按钮。此时，系统将自动制作报告书，如图7-35所示。

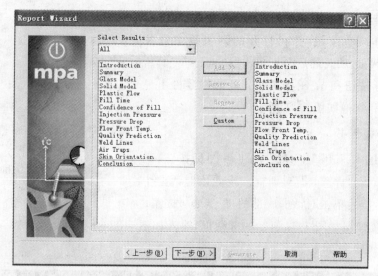

图 7-33　选择分析结果

图 7-34　排序分析结果

图 7-35　报告书

四、项目总结

本项目实施了塑件 mobile 模流分析，并制作报告书工作任务，详细介绍了 Pro/E 注塑顾问中模流分析、查看分析结果和制作报告书的基本技术和基本操作过程。

通过本项目的学习，读者将能够掌握进行模流分析、查看分析结果和制作报告书的方法。

五、学生练习项目

利用附盘文件"项目七/ex/ex7. prt"，对如图 7-36 所示的产品进行拔模检测、分型曲面检测和投影面积计算。

 操作提示

（1）打开光盘文件"项目七/ex"下的文件"ex7-1. prt"。

（2）调整零件位置如图 7-37 所示。

（3）最佳浇口分析结果如图 7-38 所示。

图 7-36　练习项目图

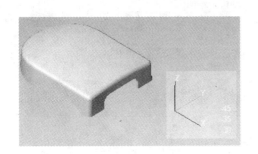

图 7-37　零件位置

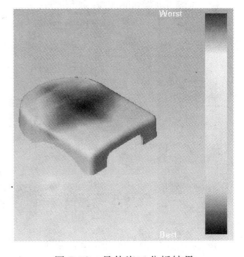

图 7-38　最佳浇口分析结果

（4）选取浇口位置，如图 7-39 所示。

（5）模流图如图 7-40 所示。

（6）填充时间图如图 7-41 所示。

（7）注射压力图如图 7-42 所示。

（8）坡前温度图如图 7-43 所示。

（9）压降图如图 7-44 所示。

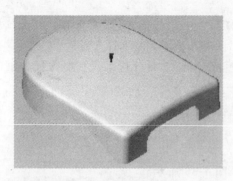

图 7-39　选取浇口位置

图 7-40　模流图

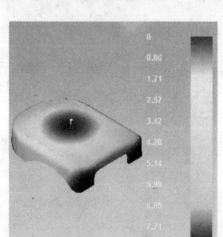

图 7-41　填充时间图

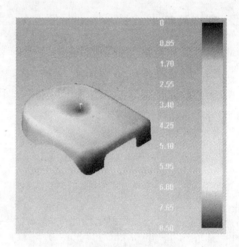

图 7-42　注射压力图

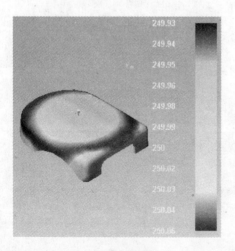

图 7-43　坡前温度图

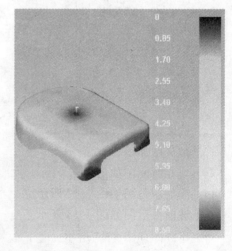

图 7-44　压降图

（10）质量图如图 7-45 所示。

（11）熔接纹和气泡如图 7-46 所示。

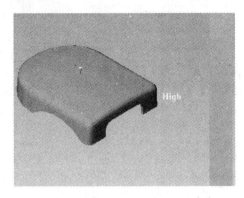

图 7-45　质量图　　　　　　　　　图 7-46　熔接纹和气泡

综 合 实 例

一、实例 1：手机盖注射模分模设计

本例介绍如图 8-1 所示手机盖注射模的分模设计。手机盖的材料为 ABS，壁厚较均匀，采用注射成形。

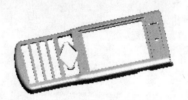

图 8-1　手机盖

（一）实例分析

1. 模具结构分析

手机盖的形状比较简单，但侧面有凹槽。为了简化模具结构，可把凹槽成形部分与动模设计为一体。这样只需要设计动模和定模两部分，塑件便能顺利脱模。

2. 设计方法分析

本实例主要使用复制分型曲面、修补分型曲面上的"破孔"和创建体积块的方法来分模。

（二）设计流程

（1）创建模具文件。

（2）装配参照模型。

（3）设置收缩率。

（4）创建工件。

（5）创建碰穿孔分型曲面。

（6）创建分模体积块。

（7）分割工件。

（8）抽取模具元件。

（9）填充。

（10）仿真开模。

（三）具体设计步骤

1. 创建模具文件

（1）在计算机的 D 盘中，建立一个新的文件夹"8-1_mold"。

（2）将光盘文件路径"项目八/实例1"下的文件"8-1. prt"复制到该文件夹中。

（3）启动 Pro/E 4.0 后，单击主菜单中的"文件"→"设置工作目录"命令，打开"选取工作目录"对话框。然后通过"查找范围"下拉列表框，改变工作目录到"8-1_mold"文件夹。

（4）创建一个新的模具文件。单击工具栏中的 图标按钮，打开"新建"对话框。在打开的"新建"对话框中选择"类型"区域中的"制造"，子类型为"模具型腔"。输入文件名称"8-1_mold"，取消对"使用默认模板"复选项的勾选，然后单击对话框底部的 确定 按钮。在打开的"新文件选项"对话框中选择"mmns_mfg_mold"作为文件的模板，然后单击 确定 按钮打开模具设计界面。

2. 装配参照模型

（1）在菜单管理器中依次选取"模具"→"模具模型"→"装配"→"参照模型"选项。这时系统将打开先前设置的工作目录，选中参照零件"8-1.prt"文件，单击 打开 按钮，将其导入，如图 8-2 所示。

（2）选取参照零件的底面，然后选取模具组件基准平面 MAIN_PARTING_PIN，设置装配约束为"匹配"，完成第一组约束。

（3）选取参照零件的基准平面 DTM1，然后再选取模具组件基准平面 MOLD_RIGHT，设置装配约束为"对齐"，完成第二组约束。

（4）选取参照零件的基准平面 DTM2，然后再选取模具组件基准平面 MOLD_FRONT，设置装配约束为"匹配"，完成第三组约束。完成该约束后的模型如图 8-3 所示，单击鼠标中键退出装配模式。

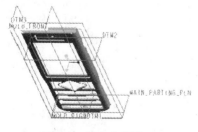

图 8-2　导入参照模型

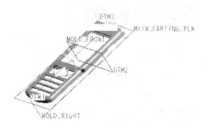

图 8-3　装配参照模型

（5）系统打开"创建参照模型"对话框。在"创建参照模型"对话框中单击 确定 按钮，接受默认设置，系统弹出如图 8-4 所示的"警告"对话框（注意：也可能不会出现该警告）。单击 确定 按钮，接受绝对精度值的设置。在"模具模型"菜单中单击"完成/返回"选项，完成装配参照模型。

图 8-4 "警告"对话框

3. 设置收缩率

在菜单管理器中依次选取"模具"→"收缩"→"按比例"选项，打开"按比例收缩"对话框，选取参照零件坐标系 PRT_CSYS_DEF 作为参照，输入收缩率"0.005"后回车，单击 ✔ 图标按钮完成收缩率设置。在"收缩"下拉菜单中选取"完成/返回"选项，返回"模具"菜单。

4. 创建工件

（1）在菜单管理器中依次选取"模具模型"→"创建"→"工件"→"手动"选项，打开"元件创建"对话框，接受其中的默认设置，输入元件名称"workpiece"，然后单击 确定 按钮，如图 8-5 所示。

（2）在打开的"创建选项"对话框中选取"创建特征"选项后单击 确定 按钮。

（3）在菜单管理器中选取"特征操作"→"实体"→"加材料"选项，打开"实体选项"菜单，再选取"拉伸"→"实体"→"完成"选项，再打开"拉伸"操控面板。

（4）在窗口空白处单击鼠标右键，在弹出的快捷菜单中选取"内部草绘"选项。选取基准平面 MAIN_PARTING_PLN 作为草绘平面，接受默认的视图方向参照，单击鼠标中键进入二维草绘模式。

（5）选取基准平面 MOLD_FRONT 和 MOLD_PRIGHT 参照平面，绘制如图 8-6 所示的二维截面，并单击"草绘工具"工具栏中的 ✔ 图标按钮，完成草绘操作，返回"拉伸"操控面板。

（6）在"拉伸"操控面板上单击 选项 按钮打开深度面板，设置第一侧和第二侧的拉伸深度分别为"30"和"30"。单击操控面板右侧的 ✔ 图标按钮，完成拉伸操作。在下拉菜单中单击两次"完成/返回"选项返回"模具"主菜单。完成的工件如图 8-7 所示。

图 8-5 "元件创建"对话框

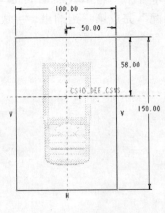

图 8-6 二维截面

图 8-7 创建完成的工件

5. 创建碰穿孔分型曲面

（1）在模型树上选中工件，单击鼠标右键，然后在弹出的菜单中选取"遮蔽"选项，遮蔽掉工件。

（2）单击"模具"工具栏中的 ▣ 图标按钮，进入创建分型曲面工作界面。如图 8-8 所示，先选面 1，然后按住 Ctrl 键选取面 2、面 3，单击"编辑"工具栏中的 ▣ 图标按钮，然后单击"编辑"工具栏中的 ▣ 图标按钮，打开"复制曲面"操作面板。

（3）单击"复制曲面"操作面板上的 选项 按钮，在弹出的"选项"面板中选择"排除曲面并填充孔"选项。

（4）单击"填充孔/曲面"收集器，使其处于激活状态，然后在图形窗口中选取如图 8-9 所示的边 1，然后按住 Ctrl 键不放，选取边 2 和边 3。

（5）单击操控面板右侧的 ✔ 图标按钮，完成创建的碰穿孔分型曲面如图 8-10 所示。

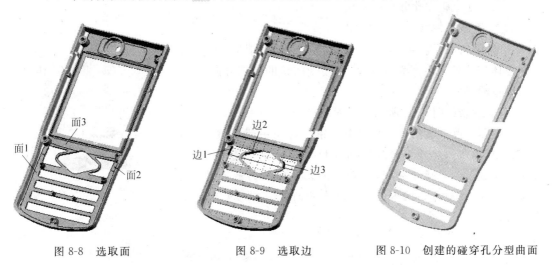

图 8-8 选取面　　　　　　　　图 8-9 选取边　　　　　　　图 8-10 创建的碰穿孔分型曲面

6. 创建分模体积块

（1）创建主体积块

① 在模型树上选中工件，单击鼠标右键，然后在弹出的菜单中选取"撤销遮蔽"选项，将工件显示出来。

② 单击"模具"工具栏中的创建体积块 ▣ 图标按钮，进入体积块工作界面，单击右工具箱中的 ▣ 图标按钮创建拉伸特征。

③ 在窗口空白处单击鼠标右键，在弹出的快捷菜单中选取"定义内部草绘"命令，然后选取基准平面 MAIN_PARTING_PLN 作为草绘平面，接受默认的视图方向参照，单击鼠标中键进入二维草绘模式。

④ 单击通过边创建图元 ▣ 图标按钮，在草绘平面内绘制如图 8-11 所示的二维截面，并单击"草绘工具"工具栏中的 ✔ 图标按钮，完成草绘操作，返回"拉伸"操控面板。

⑤ 在"拉伸"操控面板上单击 ⇶ 图标按钮，选取拉伸方式为"到选定的"。选取如图 8-12 所示的工件的底面作为拉伸终止面，单击操控面板右侧的 ✔ 图标按钮，完成主体

体积块的创建。创建的体积块如图 8-13 所示(遮蔽掉工件)。

二维截面

图 8-11　二维截面

工件底面

图 8-12　选取工件底面

图 8-13　体积块

（2）创建碰穿孔分模体积块

① 遮蔽工件。

② 单击右工具箱中的  图标按钮，选取如图 8-14 所示的主体积块的上表面为草绘平面，接受默认的视图方向，进入二维草绘模式。

③ 绘制如图 8-15 所示的截面图形。

草绘平面

图 8-14　选取草绘平面

提示：由于此截面内的 4 个碰穿孔的碰穿面在同一个平面上，所以可以将 4 个碰穿孔的分模体积块合并成一个体积块来创建。为了便于分模，体积块要比碰穿孔的最大外形还要大一点。一般来说，体积块比碰穿孔的最大外形大 0.2mm 就可以。

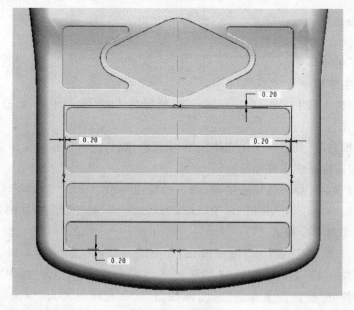

图 8-15　二维截面

④ 在"拉伸"操控面板上单击 ⊥ 图标按钮,选取拉伸方式为"到选定的"。选取如图 8-16 所示的参照模型的底面作为拉伸终止面,单击操控面板右侧的 ✔ 图标按钮,完成碰穿孔分模体积块的创建。创建的体积块如图 8-17 所示(遮蔽掉参照模型)。

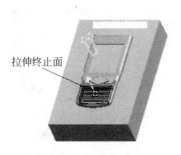

图 8-16　拉伸终止面　　　　　　　　　图 8-17　碰穿孔体积块

⑤ 再次创建拉伸体积块,在打开的"草绘"对话框中单击 使用先前的 按钮选取与上一步相同的参照创建体积块,单击鼠标右键进入草绘模式。

⑥ 绘制如图 8-18 所示的截面图形,完成后退出草绘模式。

提示:此步选取 3 个碰穿孔的倒圆角边作为草绘截面,因为倒圆角边刚好比所需的碰穿面大。

⑦ 在"拉伸"操控面板上单击 ⊥ 图标按钮,选取拉伸方式为"到选定的"。选取前面创建的分型曲面作为拉伸终止面,单击操控面板右侧的 ✔ 图标按钮,完成碰穿孔分模体积块的创建。创建的体积块如图 8-19 所示。

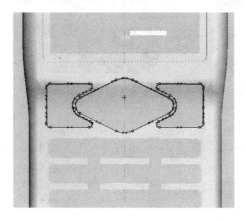

图 8-18　二维截面　　　　　　　　　图 8-19　碰穿孔体积块 2

⑧ 在模型树上用鼠标右键单击分型面,在弹出的快捷菜单中单击"遮蔽"命令将其遮蔽。

⑨ 再次创建拉伸体积块,在打开的"草绘"对话框中单击 使用先前的 按钮选取与上一步相同的参照创建体积块,单击鼠标右键进入草绘模式。绘制如图 8-20 所示的截面图形,完成后退出草绘模式。拉伸深度设置方式与上一步相同,选取参照模型底面为拉伸终止面,单击操控面板右侧的 ✔ 图标按钮,完成碰穿孔分模体积块的创建,如图 8-21 所示。

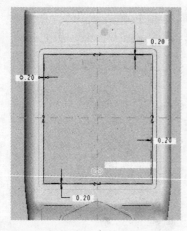

图 8-20　二维截面

图 8-21　碰穿孔体积块

⑩ 再次创建拉伸体积块,在打开的"草绘"对话框中单击 使用先前的 按钮选取与上一步相同的参照创建体积块,单击鼠标右键进入草绘模式。绘制如图 8-22 所示的截面图形,完成后退出草绘模式。拉伸深度设置方式与上一步相同,选取参照模型底面为拉伸终止面,单击操控面板右侧的 ✔ 图标按钮,完成碰穿孔分模体积块的创建,如图 8-23 所示。

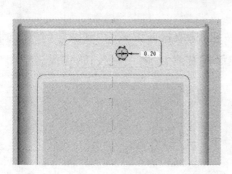

图 8-22　二维截面

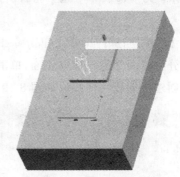

图 8-23　碰穿孔体积块

（3）创建枕位分模体积块

① 单击右工具箱中的 图标按钮,选取如图 8-24 所示的平面为草绘平面,接受默认的视图方向,进入二维草绘模式。

② 绘制如图 8-25 所示的截面图形,完成后退出草绘模式。

草绘平面

图 8-24　草绘平面

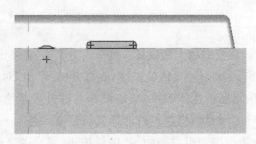

图 8-25　二维截面

③ 在"拉伸"操控面板上单击 ⊥ 图标按钮,选取拉伸方式为"到选定的"。选取基准平面 MOLD_RIGHT 作为拉伸终止面,单击操控面板右侧的 ✔ 图标按钮,完成枕位分模体积块的创建,如图 8-26 所示。

④ 再次单击 ⬚ 图标按钮,选取如图 8-27 所示的平面为草绘平面,接受默认的视图方向,进入二维草绘模式。

图 8-26　枕位分模体积块

草绘平面

图 8-27　草绘平面

⑤ 绘制如图 8-28 所示的截面图形,完成后退出草绘模式。

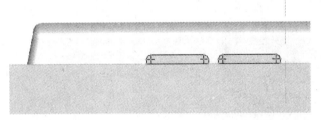

图 8-28　二维截面

⑥ 在"拉伸"操控面板上选取拉伸方式为"到选定的"。选取基准平面 MOLD_RIGHT 作为拉伸终止面,单击操控面板右侧的 ✔ 图标按钮,完成枕位分模体积块的创建,如图 8-29 所示。

提示:如图 8-30 所示,由于枕位过长,两个枕位体积块之间的距离只有 1.3mm,这样就会使得分模后在前面形成一块薄钢,降低模具强度。所以,一般枕位枕出塑件 5mm 即可,要将多余部分切除。

此边长1.3mm

图 8-29　枕位分模体积块　　　　图 8-30　两枕位距离

⑦ 继续单击 图标按钮，选取如图 8-31 所示的平面为草绘平面，进入二维草绘模式。

⑧ 绘制如图 8-32 所示的二维截面图形，完成后退出草绘模式。

图 8-31　草绘平面

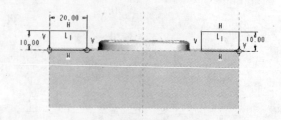

图 8-32　二维截面

⑨ 在"拉伸"操控面板上选取拉伸方式为"到选定的"。选取如图 8-33 所示的平面作为拉伸终止面，在面板上单击去除材料 图标按钮，单击操控面板右侧的 图标按钮，切除多余枕位，如图 8-34 所示。

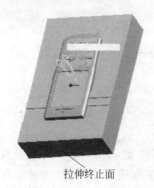

图 8-33　拉伸终止面

图 8-34　切除多余枕位

⑩ 单击右侧工具栏中的 图标按钮，完成整个分模体积块的创建。

7. 分割工件

（1）在模型树中用鼠标右键单击工件，在弹出的快捷菜单中选择"撤销遮蔽"命令，将其显示。

（2）在右工具箱中单击分割体积块 图标按钮，在打开的"分割体积块"菜单中选取"两个体积块"、"所有工件"和"完成"选项。

（3）如图 8-35 所示，选取上一步创建的体积块作为分模体积块后单击鼠标中键，在打开的"岛列表"菜单中选取"岛 2"和"完成选取"选项。单击"分割"对话框中的 确定 按钮，完成体积块分割。

（4）在打开的"属性"对话框中输入上模名称"cavity"，然后单击 着色 按钮，分割的上模如图 8-36 所示。单击 确定 按钮，再次打开"属性"对话框，并输入下模名称"core"，然后

单击 [确定] 按钮，分割的下模如图 8-37 所示。单击 [确定] 按钮完成分割。

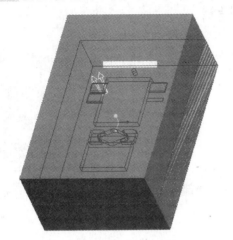

图 8-35 选取体积块

图 8-36 着色的"cavity"体积块

8. 抽取模具元件

在菜单管理器中依次选取"模具"→"模具元件"→"抽取"选项，按下 Ctrl 键，在打开的"创建模具元件"对话框中选取"cavity"和"core"，单击 [确定] 按钮完成模具元件的抽取。在下拉菜单中选取"完成/返回"选项返回"模具"主菜单。

9. 填充

在菜单管理器中依次选取"模具"→"铸模"→"创建"选项，并在消息区的文本框中输入零件名称"cr"，然后单击右侧的 ✔ 图标按钮，完成铸模的创建。

10. 仿真开模

遮蔽工件、分型曲面、体积块，模具开模结果如图 8-38 所示。

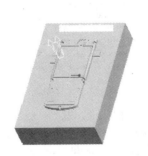

图 8-37 着色的"core"体积块

图 8-38 开模

实例总结

本实例通过手机盖注射模的分模设计，综合运用了分型曲面、分模体积块的分模方法，包含的知识点主要有：装配参照模型；使用手动功能创建工件；碰穿孔分模体积块的创建；枕位体积块的创建；体积块的分割；抽取模具元件，填充和开模。

二、实例 2：水杯注射模分模设计

本例介绍如图 8-39 所示水杯注射模的分模设计。水杯的材料为 ABS,壁厚较均匀,采用注射成形。

（一）实例分析

1. 模具结构分析

水杯的形状比较简单,但由于手柄的结构,必须采用侧分型模具结构。这样就需要设计型芯、左右侧分型三个部分,塑件才能顺利脱模。

图 8-39　水杯

2. 设计方法分析

本实例主要使用复制曲面、延伸曲面来创建型芯分型曲面,利用填充创建平面分型曲面来分割左右模。

（二）设计流程

（1）创建模具文件。

（2）装配参照模型。

（3）设置收缩率。

（4）创建工件。

（5）创建型芯分型曲面。

（6）创建左右模分型曲面。

（7）分割工件。

（8）抽取模具元件。

（9）填充。

（10）仿真开模。

（三）具体设计步骤

1. 创建模具文件

（1）在计算机的 D 盘中,建立一个新的文件夹"8-2_mold"。

（2）将光盘文件路径"项目八/实例 2"下的文件"8-2.prt"复制到该文件夹中。

（3）启动 Pro/E 4.0 后,单击主菜单中的"文件"→"设置工作目录"命令,打开"选取工作目录"对话框。然后通过"查找范围"下拉列表框,改变工作目录到"8-2_mold"文件夹。

（4）创建一个新的模具文件。单击工具栏中的 图标按钮,打开"新建"对话框。在打开的"新建"对话框中选择"类型"区域中的"制造",子类型为"模具型腔"。输入文件名称"8-2_mold",取消对"使用默认模板"复选项的勾选,然后单击对话框底部的 确定 按钮。在打开的"新文件选项"对话框中选择"mmns_mfg_mold"作为文件的模板,然后单击按钮打开模具设计界面。

2.装配参照模型

（1）单击工具栏中的布置零件工具 图标按钮，系统弹出"布局"对话框。同时会自动选择 按钮，系统弹出"打开"对话框。

设计零件文件 8-2.prt 已经在工作目录下。在对话框中双击设计零件，在"创建参照模型"对话框中选择默认的"按参照合并"创建参照模型的方法。然后单击对话框底部的 按钮，返回"布局"对话框。

（2）单击对话框底部的 预览 按钮，参照模型在图形窗口中的位置如图 8-40 所示。

由于参照模型正确的位置应该是分模面朝 Z 轴正向，根据默认的拖动方向可知，此零件的位置不对，需要重新调整。

（3）单击"参照模型起点与定向"区域中的 按钮，在弹出的"得到坐标系"菜单中单击"坐标系类型"中的"动态"命令，打开"参照模型方向"对话框。

（4）在"数值"文本框中输入旋转角度"－90"后按 Enter 键，然后单击 平移 图标按钮和 z 按钮，并拉动平移滑块至如图 8-41 所示位置。最后单击对话框底部的 确定 按钮，返回"布局"对话框。

图 8-40　预览参照模型

图 8-41　"参照模型方向"对话框

（5）单击对话框底部的 确定 按钮，退出对话框。系统弹出"警告"对话框。单击 确定 按钮，接受绝对精度值的设置。在"模具模型"菜单中单击"完成/返回"选项，完成装配参照模型。

3.设置收缩率

（1）单击工具栏中的 图标按钮，系统打开"按比例收缩"对话框。

（2）单击"坐标系"区域中的 按钮，并在图形窗口中选取参照模型坐标系 PRT_CSYS_DEF 作为参照，输入收缩率为"0.005"后按 Enter 键，单击 ✔ 图标按钮完成收缩率设置。

4. 创建工件

（1）单击工具栏中的 ⊿ 图标按钮，打开"自动工件"对话框。

（2）在图形窗口中选取"MOLD_CSYS_DEF"坐标系作为模具原点。

（3）在"整体尺寸"区域输入如图 8-42 所示的尺寸，设置工件的大小。

（4）单击对话框底部的 确定 按钮，退出对话框。创建的工件如图 8-43 所示。

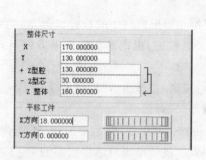

图 8-42　设置工件大小

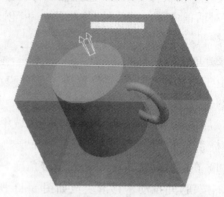

图 8-43　创建工件

5. 创建型芯分型曲面

（1）单击"模具"工具栏中的 ⌂ 图标按钮，或单击主菜单中的"插入"→"模具几何"→"分型曲面"命令，进入创建分型曲面工作界面。

（2）遮蔽工件。

（3）单击状态栏中的"过滤器"下拉列表框右侧的 ∨ 图标按钮，在打开的下拉列表中选择"几何"选项。

（4）在图形窗口中将参照模型调整到如图 8-44 所示的位置，并选取水杯的内底面，此时所选择的面呈红色。

（5）单击"编辑"工具栏中的 ▤ 图标按钮，然后单击"编辑"工具栏中的 ▤ 图标按钮，打开"复制曲面"操作面板。

（6）按住 Ctrl 键不放，在图形窗口中选取水杯的所有内表面（此时所有外表面呈红色），如图 8-45 所示。

（7）单击操控面板右侧的 ✔ 图标按钮，完成复制曲面操作。

图 8-44　选取内底面

图 8-45　选取内表面

（8）单击主菜单中的"视图"→"可见性"→"着色"命令,选取复制曲面后,着色的复制曲面如图 8-46 所示。

（9）显示工件。

（10）在图形窗口中选取如图 8-47 所示的边,然后单击主菜单中的"编辑"→"延伸"命令,打开"延伸"操控面板。

图 8-46　着色的复制曲面

选取边

图 8-47　选取边

（11）单击"延伸"操控面板上的 ⬚ 图标按钮,选中"延伸到平面"选项。

（12）在图形窗口中选取如图 8-48 所示的面为延伸参照平面。

（13）单击"延伸"操控面板右侧的 ✔ 图标按钮,完成延伸操作。

（14）单击工具栏右侧的 ✔ 图标按钮,完成分型曲面创建操作。

6. 创建左右模分型曲面

（1）单击"模具"工具栏中的 ▱ 图标按钮,进入创建分型曲面工作界面。

（2）单击主菜单中的"编辑"→"填充"命令,打开"填充"操控面板。

（3）在图形窗口中单击鼠标右键,并在弹出的快捷菜单中选中"定义内部草绘"命令,打开"草绘"对话框。

（4）选取基准平面"MOLD_FRONT"作为草绘平面,接受默认的视图方向参照,单击鼠标中键进入二维草绘模式。

（5）绘制如图 8-49 所示的二维截面,并单击"草绘工具"工具栏中的 ✔ 图标按钮,完成草绘操作,返回"填充"操控面板。

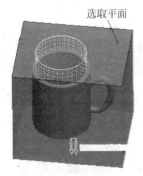

选取平面

图 8-48　选取面

二维截面

图 8-49　二维截面

（6）单击操控面板右侧的 ✔ 图标按钮，完成填充操作。

（7）单击工具栏右侧的 ✔ 图标按钮，完成分型曲面的操作。

7. 分割工件

（1）在右工具箱中单击分割体积块 图标按钮，在打开的"分割体积块"菜单中选取"两个体积块"、"所有工件"和"完成"选项。

（2）如图 8-50 所示，选取前面创建的型芯分型曲面作为分模面后单击鼠标中键。单击"分割"对话框中的 确定 按钮，完成体积块分割。

（3）在打开的"属性"对话框中输入型芯名称"core"，然后单击 着色 按钮，分割的型芯如图 8-51 所示。单击 确定 按钮，再次打开"属性"对话框，输入名称"body"，然后单击 着色 按钮，分割的体积块如图 8-52 所示。单击 确定 按钮完成分割。

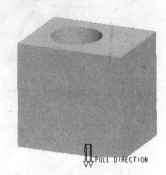

图 8-50　选取型芯分型曲面　　　图 8-51　着色的"core"体积块　　　图 8-52　着色的"body"体积块

（4）再次单击分割体积块 图标按钮，在打开的"分割体积块"菜单中选取"两个体积块"、"模具体积块"和"完成"选项。打开如图 8-53 所示的"搜索工具"对话框。

图 8-53　"搜索工具"对话框

（5）在"搜索工具"对话框中单击"面组：F12（BODY）"，然后依次单击 $\boxed{>>}$ 按钮和 $\boxed{关闭}$ 按钮。

（6）选择创建的左右模分型曲面，单击"选取"对话框中的 $\boxed{确定}$ 按钮，然后单击"分割"对话框中的 $\boxed{确定}$ 按钮，完成体积块分割。

（7）在打开的"属性"对话框中输入前模名称"front"，然后单击 $\boxed{着色}$ 按钮，分割的前模如图 8-54 所示。单击 $\boxed{确定}$ 按钮，再次打开"属性"对话框，输入后模名称"back"，然后单击 $\boxed{着色}$ 按钮，分割的体积块如图 8-55 所示。单击 $\boxed{确定}$ 按钮完成分割。

图 8-54　着色的"front"体积块　　　　　图 8-55　着色的"back"体积块

8. 抽取模具元件

在菜单管理器中依次选取"模具"→"模具元件"→"抽取"选项，按下 Ctrl 键，在打开的"创建模具元件"对话框中选取"front"、"back"和"core"，单击 $\boxed{确定}$ 按钮完成模具元件的抽取。在下拉菜单中选取"完成/返回"选项返回"模具"主菜单。

9. 填充

在"菜单管理器"中依次选取"模具"→"铸模"→"创建"选项，并在消息区的文本框中输入零件名称"cr"，然后单击右侧的 ✔ 图标按钮，完成铸模的创建。

10. 仿真开模

遮蔽工件、分型曲面、体积块，模具开模结果如图 8-56 所示。

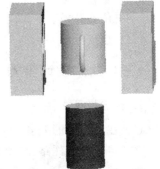

图 8-56　开模

实例总结

本实例通过水杯注射模的分模设计，综合运用了复制、延伸、填充创建分型曲面的方法以及含有侧分型模具的分模方法，包含的知识点主要有：装配参照模型；使用自动功能创建工件；型芯分模；模具块分模；抽取模具元件，填充和开模。

三、实例3：电池盖注射模分模设计

本例介绍如图 8-57 所示电池盖注射模的分模设计。电池盖的材料为 ABS,壁厚较均匀,采用注射成形。

（一）实例分析

1. 模具结构分析

电池盖的形状比较简单,内侧面上有两处凸台。必须采用斜顶块模具结构,塑件才能顺利脱模。

图 8-57　电池盖

2. 设计方法分析

本实例主要使用创建裙边曲面、修剪曲面和镜像曲面的方法来创建主分型曲面,利用创建拉伸曲面及镜像曲面的方法来创建斜顶块分型曲面。

（二）设计流程

（1）创建模具文件。

（2）装配参照模型。

（3）设置收缩率。

（4）创建工件。

（5）创建分型曲面。

（6）分割工件。

（7）抽取模具元件。

（8）创建浇注系统。

（9）创建冷却系统。

（10）填充。

（11）仿真开模。

（12）模流分析。

（三）具体设计步骤

1. 创建模具文件

（1）在计算机的 D 盘中,建立一个新的文件夹"8-3_mold"。

（2）将光盘文件路径"项目八/实例3"下的文件"8-3.prt"复制到该文件夹中。

（3）启动 Pro/E 4.0 后,单击主菜单中的"文件"→"设置工作目录"命令,打开"选取工作目录"对话框。然后通过"查找范围"下拉列表框,改变工作目录到"8-3_mold"文件夹。

（4）创建一个新的模具文件。单击工具栏中的 图标按钮,打开"新建"对话框。在打开的"新建"对话框中选择"类型"区域中的"制造",子类型为"模具型腔"。输入文件名称"8-3_mold",取消对"使用缺省模板"复选项的勾选,然后单击对话框底部的 确定 按钮。

在打开的"新文件选项"对话框中选择"mmns_mfg_mold"作为文件的模板,然后单击 确定 按钮打开模具设计界面。

2. 装配参照模型

(1)单击工具栏中的布置零件工具 ⛏ 图标按钮,系统弹出"布局"对话框。同时会自动选择 图 按钮,系统弹出"打开"对话框。

设计零件文件 8-3.prt 已经在工作目录下。在对话框中双击设计零件,在"创建参照模型"对话框中选择默认的"按参照合并"创建参照模型的方法。然后单击对话框底部的 确定 按钮,返回"布局"对话框。

(2)单击对话框底部的 预览 按钮,参照模型在图形窗口中的位置如图 8-58 所示。

由于参照模型正确的位置应该是分模面朝 Z 轴正向,根据默认的拖动方向可知,此零件的位置不对,需要重新调整。

(3)单击"参照模型起点与定向"区域中的 🔼 图标按钮,在弹出的"得到坐标系"菜单中单击"坐标系类型"中的"动态"命令,打开"参照模型方向"对话框。

(4)在"数值"文本框中输入旋转角度"90"后回车,然后单击对话框底部的 确定 按钮,返回"布局"对话框。

(5)在"布局"区域选中"可变"单选按钮,系统弹出"可变"区域,然后单击 添加 按钮,增加一个型腔,并输入如图 8-59 所示的数值。

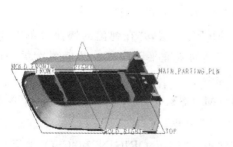

图 8-58 预览参照零件

图 8-59 "布局"对话框

（6）单击对话框底部的 确定 按钮，退出对话框。系统弹出"警告"对话框。单击 确定 按钮，接受绝对精度值的设置。此时，布置后的参照零件如图 8-60 所示。

图 8-60　参照零件

（7）在"型腔布置"菜单中单击"完成/返回"选项，完成装配参照模型。

3．设置收缩率

（1）单击工具栏中的 图标按钮，然后在图形窗口中选取任意一个参照零件，系统打开"按比例收缩"对话框。

（2）单击"坐标系"区域中的 图标按钮，并在图形窗口中选取所选参照零件上的坐标系 PRT_CSYS_DEF 作为参照，输入收缩率"0.005"后按 Enter 键，单击 ✔ 按钮完成收缩率设置。

4．创建工件

（1）单击工具栏中的 图标按钮，打开"自动工件"对话框。

（2）在图形窗口中选取"MOLD_CSYS_DEF"坐标系作为模具原点。

（3）在"整体尺寸"区域输入如图 8-61 所示的尺寸，设置工件的大小。

（4）单击对话框底部的 确定 按钮，退出对话框。创建的工件如图 8-62 所示。

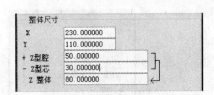

图 8-61　设置工件大小

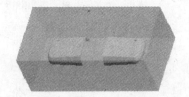

图 8-62　工件

5．创建分型曲面

（1）创建主分型曲面

① 在导航器上单击"显示"按钮，显示下拉菜单，选中"层树"选项。

② 单击"活动模型"下拉列表框右侧的 图标按钮，并在打开的列表中选择"8-3_MOLD_REF_1.PRT"零件，使其成为活动零件，如图 8-63 所示。

③ 用鼠标右键单击"01_PRT_DEF_DTM_PLN"层，并在弹出的快捷菜单中选择"隐藏"命令。此时，系统会将图形窗口中参照模型的基准平面隐藏。然后再次单击鼠标右键，并在弹出的快捷菜单中选择"保存状态"命令。

④ 用鼠标右键单击"05_PRT_ALL_DTM_CSYS"层，并在弹出的快捷菜单中选择"层属性"命令，打开如图 8-64 所示的"层属性"对话框。

⑤ 在图形窗口中选取任意一个参照零件中的"REF_ORIGIN"和"CSO"坐标系，然后单击对话框底部的 确定 按钮，退出对话框。

图 8-63 设置活动模型

图 8-64 "层属性"对话框

⑥ 系统会自动选中"05_PRT_ALL_DTM_CSYS"层。单击鼠标右键,并在弹出的快捷菜单中选择"隐藏"命令。此时系统会将图形窗口中参照零件的坐标系隐藏,然后再次单击鼠标右键,并在弹出的快捷菜单中选择"保存状态"命令。

⑦ 单击"显示"按钮,显示下拉菜单,选中"模型树"选项。

⑧ 单击"模具"工具栏中的 ◯ 图标按钮,打开"侧面影像曲线"对话框。

⑨ 在图形窗口中选取如图 8-65 所示的面,然后单击鼠标右键,并在弹出的快捷菜单中选择"实体曲面"命令。

⑩ 单击"选取"对话框中的 [确定] 按钮,返回"侧面影像曲线"对话框。然后双击该对话框中的"环路选择"选项,打开"环选取"对话框。

⑪ 按住 Ctrl 键不放,并在列表中选取编号为"2"、"3"的曲线,然后单击 [排除] 按钮,将其排除,如图 8-66 所示。

选取此面

图 8-65 选取面

图 8-66 "环选取"对话框

⑫ 单击对话框底部的 [确定] 按钮,返回"侧面影像曲线"对话框。然后单击对话框底部的 [确定] 按钮,完成侧面影像线的创建操作。创建的侧面影像线如图 8-67 所示。

⑬ 单击"模具"工具栏中的 ▱ 图标按钮,进入创建分型曲面工作界面。

⑭ 单击主菜单中的"编辑"→"属性"命令,打开"属性"对话框。然后在"名称"文本框中输入"main",单击对话框底部的 [确定] 按钮,退出对话框。

⑮ 单击工具栏中的 ◺ 图标按钮,打开"裙边曲面"对话框。

⑯ 在图形窗口中选取左边的参照模型,系统弹出如图 8-68 所示的"链"菜单。

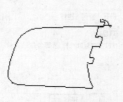

图 8-67　侧面影像线

图 8-68　"链"菜单

⑰ 在图形窗口中选取刚创建的侧面影像线,然后单击"链"菜单中的"完成"命令,返回"裙边曲面"对话框。

⑱ 在对话框中双击"延伸"选项,打开"延伸控制"对话框。然后单击"延伸方向"按钮,切换到"延伸方向"选项卡。此时,系统将在图形窗口中的参照模型上显示如图 8-69 所示的延伸方向箭头。

⑲ 单击 添加 按钮,系统弹出如图 8-70 所示的"一般点选取"菜单,然后在图形窗口中选取如图 8-71 所示的矩形框内的箭头。

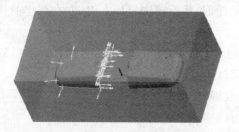

图 8-69　延伸方向箭头

图 8-70　"一般点选取"菜单

⑳ 单击"一般点选取"菜单中的"完成"命令,系统弹出"选取方向"菜单。然后在图形窗口中选取如图 8-71 所示的平面为延伸平面,并在弹出的"方向"菜单中单击"正向"命令,返回"延伸控制"对话框。此时,在"点集"列表中会显示创建的点集,如图 8-72 所示。

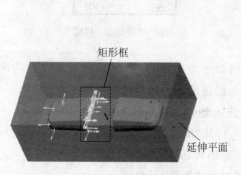

图 8-71　选取箭头和延伸曲面

图 8-72　"延伸控制"对话框

㉑ 单击对话框底部的 [确定] 按钮,返回"裙边曲面"对话框。

㉒ 单击对话框底部的 [确定] 按钮,完成裙边曲面的创建操作。

㉓ 单击主菜单中的"编辑"→"修剪"命令,打开如图 8-73 所示的"修剪"操控面板。

图 8-73 "修剪"操控面板

㉔ 在图形窗口中选取基准平面"MOLD_RIGHT"为修剪平面,然后单击 ✕ 图标按钮,改变要保留的曲面一侧的方向。单击操控面板右侧的 ✔ 图标按钮,完成修剪操作。

㉕ 单击主菜单中的"视图"→"可见性"→"着色"命令,着色的主分型曲面如图 8-74 所示。

㉖ 在图形窗口中选取刚创建的曲面,此时被选中的面组呈红色。

㉗ 单击"编辑"工具栏中的 ▤ 图标按钮,然后单击"编辑"工具栏中的 ▤ 图标按钮,打开"复制曲面"操作面板。

㉘ 单击操控面板右侧的 ✔ 图标按钮,完成复制曲面操作。

㉙ 单击主菜单中的"编辑"→"转换"命令,然后在弹出的如图 8-75 所示的"选项"菜单中单击"镜像"、"无复制"和"完成"命令。

㉚ 在图形窗口中选取刚创建的"复制 1"特征,并单击"选取"对话框中的 [确定] 按钮,然后选取基准平面"MOLD_RIGHT"为镜像参照平面。

㉛ 在"模型树"中选取"裙边曲面",然后按住 Ctrl 键不放,并选中"复制 1"特征,单击"编辑特征"工具栏中的 ▢ 图标按钮,打开"合并"操作面板。

㉜ 单击操控面板右侧的 ✔ 图标按钮,完成合并操作。

㉝ 单击主菜单中的"视图"→"可见性"→"着色"命令,着色的主分型曲面如图 8-76 所示。

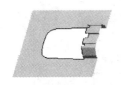

图 8-74 着色的主分型曲面   图 8-75 "选项"菜单   图 8-76 着色合并后的主分型曲面

㉞ 单击工具栏右侧的 ✔ 图标按钮,完成主分型曲面的创建操作。

(2) 创建斜顶块 1 分型曲面

① 在导航器上单击"显示"按钮,显示下拉菜单,选中"层树"选项。

② 单击"活动模型"下拉列表框右侧的 ✔ 图标按钮,并在打开的列表中选择"8-3_Mold.asm"组件,使其成为活动零件。

③ 用鼠标右键单击"03_ASM_ALL_CURVES"层,并在弹出的快捷菜单中选择"隐藏"命令。此时,系统会将图形窗口中侧面影像曲线隐藏。然后再次单击鼠标右键,并在弹出的快捷菜单中选择"保存状态"命令。

④ 单击"视图"工具栏中的 ▦ 图标按钮,系统会将图形窗口中的侧面影像曲线隐藏。然后单击"显示"按钮,显示下拉菜单,选中"模型树"选项。

⑤ 在模型树上用鼠标右键单击"裙边曲面"特征,并在弹出的快捷菜单中选择"遮蔽"命令,将主分型曲面遮蔽。

⑥ 单击"模具"工具栏中的 ▱ 图标按钮,进入创建分型曲面工作界面。

⑦ 单击主菜单中的"编辑"→"属性"命令,打开"属性"对话框。然后在"名称"文本框中输入分型曲面的名称"lifter_1",单击对话框底部的 确定 按钮,退出对话框。

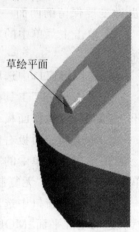

草绘平面

⑧ 单击工具栏中的 ⬦ 图标按钮,在窗口空白处单击鼠标右键,在弹出的快捷菜单中选取"定义内部草绘"命令。

⑨ 选取左边参照模型中的如图 8-77 所示的面为草绘平面,基准平面"MOLD_RIGHT"为"右"参照平面;然后单击鼠标中键,进入草绘模式。

⑩ 系统弹出"参照"对话框,并自动选取基准平面"MOLD_RIGHT"为草绘参照。选取基准平面"MAIN_PRATING_PLN"为草绘参照,并单击对话框底部的 关闭 按钮,退出对话框。

图 8-77 选取草绘平面

⑪ 绘制如图 8-78 所示的二维截面,并单击"草绘工具"工具栏中的 ✔ 图标按钮,完成草绘操作,返回"拉伸"操控面板。

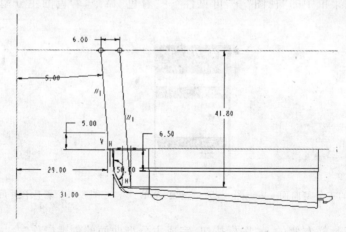

图 8-78 二维截面

⑫ 在"拉伸"操控面板上选取拉伸方式为"到选定的"。选取如图 8-79 所示的面作为拉伸终止面。

⑬ 单击 选项 按钮,并在弹出的"选项"面板中选中"封闭端"复选框,如图 8-80 所示。

单击操控面板右侧的 ✔ 图标按钮，完成拉伸操作。

图 8-79　拉伸终止参照面　　　　　　　　　图 8-80　选中"封闭端"复选框

⑭ 在图形窗口中选取刚创建的拉伸曲面。单击"编辑"工具栏中的 🖺 图标按钮，然后单击"编辑"工具栏中的 🖺 图标按钮，打开"复制曲面"操作面板。

⑮ 单击操控面板右侧的 ✔ 图标按钮，完成复制曲面操作。

⑯ 单击主菜单中的"编辑"→"转换"命令，然后在弹出的"选项"菜单中单击"镜像"、"无复制"和"完成"命令。

⑰ 在图形窗口中选取刚创建的"复制 2"特征，并单击"选取"对话框中的 确定 按钮，然后选取基准平面"MOLD_FRONT"为镜像参照平面。

⑱ 单击右侧工具栏中的 ✔ 图标按钮，完成斜顶块 1 分型曲面的创建操作。此时，创建的斜顶块 1 分型曲面如图 8-81 所示。

（3）创建斜顶块 2 分型曲面

① 单击"模具"工具栏中的 🗁 图标按钮，进入创建分型曲面工作界面。

② 单击主菜单中的"编辑"→"属性"命令，打开"属性"对话框。然后在"名称"文本框中输入分型曲面的名称"lifter_2"，单击对话框底部的 确定 按钮，退出对话框。

③ 单击状态栏中的"过滤器"下拉列表框右侧的 ✔ 图标按钮，并在打开的列表中选择"面组"选项。

④ 在图形窗口中选取如图 8-82 所示的面组 1，单击"编辑"工具栏中的 🖺 图标按钮，然后单击"编辑"工具栏中的 🖺 图标按钮，打开"复制曲面"操作面板。然后按住 Ctrl 键不放，并在图形窗口中选取如图 8-82 所示的面组 2。

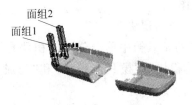

图 8-81　斜顶块 1 分型曲面　　　　　　　　图 8-82　选取面组

⑤ 单击操控面板右侧的 ✔ 图标按钮，完成复制曲面操作。

⑥ 单击主菜单中的"编辑"→"转换"命令，然后在弹出的"选项"菜单中单击"镜像"、"无复制"和"完成"命令。

⑦ 在图形窗口中选取刚创建的"复制 3"特征，并单击"选取"对话框中的 确定 按钮，然后选取基准平面"MOLD_RIGHT"为镜像参照平面，并单击"选取"对话框中的 确定 按钮。

⑧ 单击右侧工具栏中的 ✔ 图标按钮，完成斜顶块 2 分型曲面的创建操作。此时，创建的斜顶块 2 分型曲面如图 8-83 所示。

图 8-83　斜顶块 2 分型曲面

6. 分割工件

（1）分割斜顶块 1

① 单击工具栏中的 图标按钮，打开"遮蔽-取消遮蔽"对话框。然后单击"取消遮蔽"按钮，切换到"取消遮蔽"选项卡。

② 在"遮蔽的元件"列表中，选中"8-3_MOLD_WRK"元件，然后单击 去除遮蔽 按钮，将其显示出来。

③ 单击"过滤"区域中的 分型面 按钮，切换到"分型面"过滤类型；然后在"遮蔽的曲面"列表中，选中"main"分型曲面，并单击 去除遮蔽 按钮，将其显示出来。

④ 单击对话框底部的 关闭 按钮，退出对话框。

⑤ 在右工具箱中单击分割体积块 图标按钮，在打开的"分割体积块"菜单中选取"两个体积块"、"所有工件"和"完成"选项。

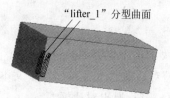

"lifter_1"分型曲面

图 8-84　选取"lifter_1"分型曲面

⑥ 按住 Ctrl 键不放，并在图形窗口中选取如图 8-84 所示的"lifter_1"分型曲面，然后单击"选取"对话框中的 确定 按钮，并在弹出的"岛列表"菜单中选取"岛 1"选项。

⑦ 单击"岛列表"菜单中的"完成选取"命令，返回"分割"对话框，然后单击对话框底部的 确定 按钮。此时，系统加亮显示分割生成的体积块。

⑧ 在弹出的"属性"对话框中输入体积块的名称"temp_1"，然后单击对话框底部的 确定 按钮，系统会加亮显示分割生成的另一个体积块，并弹出"属性"对话框。

⑨ 在对话框中输入体积块的名称"lifter_1_1"，然后单击对话框底部的 确定 按钮，完成分割操作。

（2）分割斜顶块 2

① 在右工具箱中单击分割体积块 图标按钮，在打开的"分割体积块"菜单中选取"两个体积块"、"模具体积块"和"完成"选项。打开如图 8-85 所示的"搜索工具"对话框。

② 在"搜索工具"对话框中的"找到的项目"列表中选中"面组：F21（TEMP_1）"面组，然后依次单击 >> 按钮和 关闭 按钮，打开"分割"对话框。

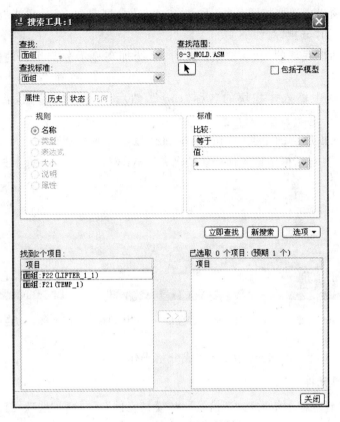

图 8-85 "搜索工具"对话框

③ 在图形窗口中选取如图 8-86 所示的"lifter_2"分型曲面,然后单击"选取"对话框中的 确定 按钮,并在弹出的"岛列表"菜单中选中"岛 1"选项。

④ 单击"岛列表"菜单中的"完成选取"命令,返回"分割"对话框,然后单击对话框底部的 确定 按钮。此时,系统加亮显示分割生成的体积块,并弹出"属性"对话框。

"lifter_2"分型曲面

图 8-86 选取"lifter_2"分型曲面

⑤ 在对话框中输入体积块的名称"temp_2",然后单击对话框底部的 确定 按钮,系统会加亮显示分割生成的另一个体积块,并弹出"属性"对话框。

⑥ 在对话框中输入体积块的名称"lifter_2_1",然后单击对话框底部的 确定 按钮,完成分割操作。

(3) 分割动模和定模

① 在右工具箱中单击分割体积块 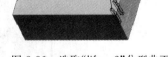 图标按钮,在打开的"分割体积块"菜单中选取"两个体积块"、"模具体积块"和"完成"选项。打开"搜索工具"对话框。

② 在"搜索工具"对话框中的"找到的项目"列表中选取"面组:F21(TEMP_2)"面组,然后依次单击 >> 按钮和 关闭 按钮,打开"分割"对话框。

③ 在图形窗口中选取如图 8-87 所示的"main"分型曲面,然后单击"选取"对话框中的 确定 按钮,返回"分割"对话框。

④ 单击对话框底部的 确定 按钮。此时,系统加亮显示分割生成的体积块,并弹出"属性"对话框。

⑤ 在对话框中输入体积块的名称"core",然后单击 着色 按钮,着色的体积块如图 8-88 所示。

⑥ 单击对话框底部的 确定 按钮,系统加亮显示分割生成的另一个体积块,并弹出"属性"对话框。在对话框中输入体积块的名称"cavity",然后单击 着色 按钮,着色的体积块如图 8-89 所示。

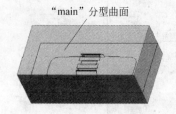

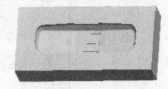

图 8-87　选取"main"分型曲面　　图 8-88　着色的"core"体积块　　图 8-89　着色的"cavity"体积块

⑦ 单击对话框底部的 确定 按钮,完成分割操作。

7. 抽取模具元件

(1) 在菜单管理器中依次选取"模具"→"模具元件"→"抽取"选项,打开"创建模具元件"对话框。

(2) 单击对话框中的 ▤ 图标按钮,选中所有的模具体积块。

(3) 单击"高级"选项前面的 ▶ 图标按钮,然后在弹出的"高级"区域中,改变"lifter_1_1"体积块的名称为"lifter_1","lifter_2_1"体积块的名称为"lifter_2"。最后单击 ▤ 图标按钮,选中所有模具体积块,如图 8-90 所示。

图 8-90　"创建模具元件"对话框

（4）单击"复制自"区域中的 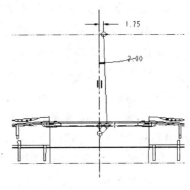 按钮，打开"选择模板"对话框，然后通过"查找范围"
下拉列表框，改变目录到"mmns_part_solid.prt"模板文件所在目录（如"D:\Program
Files\proleWildfire 4.0\templates"）。

（5）在文件列表中双击"mmns_part_solid.prt"文件，返回"创建模具元件"对话框。

提示：本步骤是为了使抽取的模具元件，具有 Pro/E 零件所具有的基准特征和视角等。

（6）单击对话框底部的 <u>确定</u> 按钮，完成抽取模具元件操作。

8. 创建浇注系统

（1）创建注入口

① 单击工具栏中的 🔲 图标按钮，打开"遮蔽-取消遮蔽"对话框。然后按住 Ctrl 键
不放，并在"可见元件"列表中，选中"8-3_MOLD_REF"和"8-3_MOLD_WRK"元件，并单
击"遮蔽"按钮，将其遮蔽。

② 单击"过滤"区域中的 <u>分型面</u> 按钮，切换到"分型面"过滤类型；然后单击 🔲 图标
按钮，选中所有分型曲面，并单击"遮蔽"按钮，将其遮蔽。

③ 单击对话框底部的 <u>关闭</u> 按钮，退出对话框。

④ 单击模具菜单管理器中的"特征"→"型腔组件"→"实体"→"切减材料"→"旋转/
实体/完成"命令，打开"旋转"操控面板。

⑤ 在图形窗口中单击鼠标右键，并在弹出的快捷菜单中选择"定义内部草绘"命令，
打开"草绘"对话框。

⑥ 选取基准平面"MOLD_FRONT"为草绘平面，系统将自动选取基准平面"MOLD_
RIGHT"为"右"参照平面。单击"草绘"按钮，进入草绘模式。

⑦ 绘制如图 8-91 所示的二维截面，并单击"草绘
工具"工具栏中的 ✓ 图标按钮，完成草绘工作，返回
"旋转"操控面板。

⑧ 单击操控面板右侧的 ✓ 图标按钮，完成旋转
操作。此时，系统将返回"特征操作"菜单。

（2）创建流道

① 单击模具菜单管理器中的"模具"→"特征"→
"型腔组件"→"流道"命令，打开"流道"对话框。

② 在弹出的"形状"菜单中单击"倒圆角"命令，然
后在消息区文本框中接受默认流道直径"5"，并单击右
侧的 ✓ 图标按钮。

图 8-91　二维截面

③ 选取如图 8-92 所示的平面为草绘平面，然后在弹出"方向"菜单中单击"正向"→
"缺省"命令，进入草绘模式。

④ 系统弹出"参照"对话框，选取如图 8-93 所示的圆为草绘参照，并单击对话框底部
的 <u>关闭(C)</u> 按钮，退出对话框。

⑤ 绘制如图 8-93 所示的二维截面，并单击"草绘工具"工具栏中的 ✓ 图标按钮，完
成草绘操作。

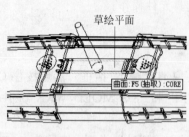

草绘平面

曲面:F5 (曲取) : CORE

图 8-92　选取草绘平面

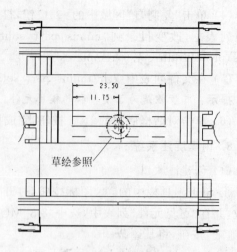

23.50

11.75

草绘参照

图 8-93　二维截面

⑥ 系统将弹出"元件相交"对话框,单击对话框中的自动添加按钮,此时系统将自动添加相交元件。然后单击对话框底部的确定按钮,返回"流道"对话框。

⑦ 单击对话框底部的确定按钮,完成流道的创建操作。此时,系统将返回"特征操作"菜单。

（3）创建浇口

① 单击模具菜单管理器中的"模具"→"特征"→"型腔组件"→"流道"命令,打开"流道"对话框。

② 在弹出的"形状"菜单中单击"梯形"命令,然后在消息区文本框中输入流道宽度"2",并单击右侧的 ✔ 图标按钮。

③ 在消息区文本框中输入流道深度"0.8",并单击右侧的 ✔ 图标按钮。

④ 在消息区文本框中输入流道侧角度"10",并单击右侧的 ✔ 图标按钮。

⑤ 在消息区文本框中输入流道拐角直径"0.2",并单击右侧的 ✔ 图标按钮。

⑥ 在弹出的"设置草绘平面"菜单中单击"使用先前的"→"正向"命令,进入草绘模式。

⑦ 系统弹出"参照"对话框,选取如图 8-94 所示的圆为草绘参照,并单击对话框底部的关闭(C)按钮,退出对话框。

⑧ 绘制如图 8-94 所示的二维截面,并单击"草绘工具"工具栏中的 ✔ 图标按钮,完成草绘操作。

⑨ 系统弹出"元件相交"对话框,单击对话框中的自动添加按钮,此时系统将自动添加相交元件。然后单击对话框底部的确定按钮,返回"流道"对话框。

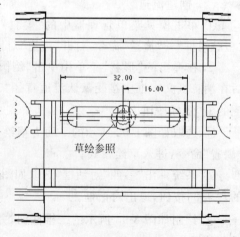

32.00

16.00

草绘参照

图 8-94　二维截面

⑩ 单击对话框底部的 确定 按钮,完成浇口的创建操作。此时,系统将返回"特征操作"菜单。

9. 创建冷却系统

(1) 创建定模冷却水孔

① 单击模具菜单管理器中的"模具"→"特征"→"型腔组件"→"水线"命令,打开"水线"对话框。

② 在消息区文本框中输入冷却水孔直径"6",并单击右侧的 ✔ 图标按钮。

③ 系统弹出"设置草绘平面"菜单,单击主菜单中的"插入"→"模具基准"→"平面"命令,打开"基准平面"对话框。

④ 在图形窗口中选取基准平面"MAIN_PARTING_PLN",并在"平移"文本框中输入偏移距离"30",并回车确认,如图 8-95 所示。

图 8-95 "基准平面"对话框

⑤ 单击对话框底部的 确定 按钮,退出对话框,系统将自动选取刚创建的平面为草绘平面,然后在弹出的"草绘视图"菜单。然后单击"缺省"命令,进入草绘模式。

⑥ 单击主菜单中的"草绘"→"参照"命令,打开"参照"对话框,然后选取如图 8-96 所示的边为草绘参照。最后单击对话框底部的"关闭"按钮,退出对话框。

⑦ 绘制如图 8-96 所示的二维截面,并单击"草绘器工具"工具栏中的 ✔ 图标按钮,完成草绘操作。系统将弹出"元件相交"对话框,然后单击该对话框中的 自动添加 按钮,此时系统将自动选中"cavity"元件。

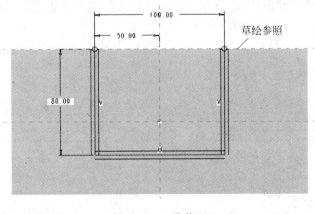

图 8-96 二维截面

⑧ 单击对话框底部的 确定 按钮,返回"水线"对话框。然后双击"末端条件"选项,系统弹出"尺寸界线末端"菜单。

⑨ 在靠近如图 8-97 所示的曲线段下端点处单击,然后单击"选取"对话框中的 确定 按钮。系统弹出"规定端部"菜单。

⑩ 单击"规定端部"菜单中的"盲孔"和"完成/返回"命令,然后在消息区的文本框中接受默认的盲孔直径"6",并单击右侧的 ✔ 图标按钮。系统将返回"尺寸界线末端"菜单。

⑪ 在靠近如图 8-98 所示的曲线段左端点处单击,并单击"选取"对话框中的 [确定] 按钮。然后在弹出的"规定端部"菜单中单击"通过"和"完成/返回"命令。系统又返回"尺寸界线末端"菜单。

⑫ 在靠近如图 8-98 所示的曲线段右端点处单击,并单击"选取"对话框中的 [确定] 按钮。然后在弹出的"规定端部"菜单中单击"盲孔"和"完成/返回"命令,在消息区的文本框中接受默认的盲孔直径"6",并单击右侧的 ✔ 图标按钮。系统将返回"尺寸界线末端"菜单。

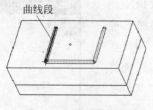

图 8-97 选取曲线段

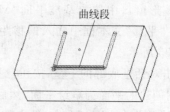

图 8-98 选取另一曲线段

⑬ 在靠近如图 8-99 所示的曲线段下端点处单击,然后单击"选取"对话框中的 [确定] 按钮。然后在弹出的"规定端部"菜单中单击"盲孔"和"完成/返回"命令,在消息区的文本框中接受默认的盲孔直径"6",并单击右侧的 ✔ 图标按钮。系统将返回"尺寸界线末端"菜单。

⑭ 单击"尺寸界线末端"菜单中的"完成/返回"命令,返回"水线"对话框。

⑮ 单击对话框底部的 [确定] 按钮,完成冷却水孔的创建操作。创建的冷却水道如图 8-100 所示。此时,系统将返回"特征操作"菜单。

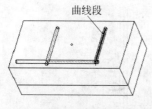

图 8-99 再选取曲线段

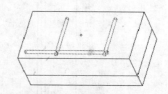

图 8-100 定模冷却水孔

（2）创建动模冷却水孔

① 单击模具菜单管理器中的"模具"→"特征"→"型腔组件"→"水线"命令,打开"水线"对话框。

② 在消息区文本框中输入冷却水孔直径"6",并单击右侧的 ✔ 图标按钮。

③ 系统弹出"设置草绘平面"菜单,单击主菜单中的"插入"→"模具基准"→"平面"命令,打开"基准平面"对话框。

④ 在图形窗口中选取基准平面"MAIN_PARTING_PLN",并在"平移"文本框中输

入偏移距离"－15",并回车确认。

⑤ 单击对话框底部的 确定 按钮,退出对话框,系统将自动选取刚创建的平面为草绘平面,然后在弹出的"草绘视图"菜单。然后单击"缺省"命令,进入草绘模式。

⑥ 单击主菜单中的"草绘"→"参照"命令,打开"参照"对话框,然后选取如图 8-101 所示的边为草绘参照。最后单击对话框底部的"关闭"按钮,退出对话框。

⑦ 绘制如图 8-101 所示的二维截面,并单击"草绘器工具"工具栏中的 ✔ 图标按钮,完成草绘操作。系统将弹出"元件相交"对话框,然后单击该对话框中的 自动添加 按钮,此时系统将自动选中"core"元件。

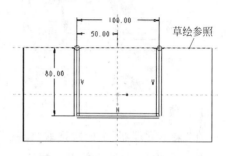

图 8-101 二维截面

⑧ 单击对话框底部的 确定 按钮,返回"水线"对话框。然后双击"末端条件"选项,系统弹出"尺寸界线末端"菜单。

⑨ 在靠近如图 8-102 所示的曲线段下端点处单击,然后单击"选取"对话框中的 确定 按钮。系统弹出"规定端部"菜单。

⑩ 单击"规定端部"菜单中的"盲孔"和"完成/返回"命令,然后在消息区的文本框中接受默认的盲孔直径"6",并单击右侧的 ✔ 图标按钮。系统将返回"尺寸界线末端"菜单。

⑪ 在靠近如图 8-103 所示的曲线段左端点处单击,并单击"选取"对话框中的 确定 按钮。然后在弹出的"规定端部"菜单中单击"通过"和"完成/返回"命令。系统又返回"尺寸界线末端"菜单。

⑫ 在靠近如图 8-103 所示的曲线段右端点处单击,并单击"选取"对话框中的 确定 按钮。然后在弹出的"规定端部"菜单中单击"盲孔"和"完成/返回"命令,在消息区的文本框中接受默认的盲孔直径"6",并单击右侧的 ✔ 图标按钮。系统将返回"尺寸界线末端"菜单。

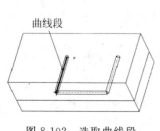

图 8-102 选取曲线段

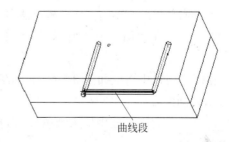

图 8-103 选取另一个曲线段

⑬ 在靠近如图 8-104 所示的曲线段下端点处单击,然后单击"选取"对话框中的 确定 按钮。然后在弹出的"规定端部"菜单中单击"盲孔"和"完成/返回"命令,在消息区的文本框中接受默认的盲孔直径"6",并单击右侧的 ✔ 图标按钮。系统将返回"尺寸界线末端"菜单。

⑭ 单击"尺寸界线末端"菜单中的"完成/返回"命令,返回"水线"对话框。

⑮ 单击对话框底部的 [确定] 按钮,完成冷却水孔的创建操作。创建的冷却水道如图 8-105 所示。此时,系统将返回"特征操作"菜单。

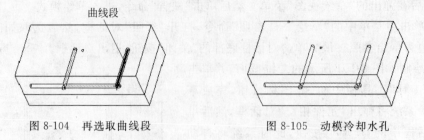

图 8-104   再选取曲线段   图 8-105   动模冷却水孔

10. 填充

在"菜单管理器"中依次选取"模具"→"铸模"→"创建"选项,并在消息区中的文本框输入零件名称"cr",然后单击右侧的 ✔ 图标按钮,完成铸模的创建。

11. 仿真开模

(1) 定义开模步骤

① 在导航器上单击"显示"按钮,显示下拉菜单,选中"层树"选项。

② 在模型树中单击鼠标右键,在弹出的快捷菜单中选择"新建层"命令,打开"层属性"对话框。

③ 接受默认的层名称"LAY0001",并在图形窗口中选取"runner_1"和"runner_2"特征,然后单击对话框底部的 [确定] 按钮,退出对话框。

④ 系统会自动选中"LAY0001"层,单击鼠标右键,并在弹出的快捷菜单中选择"隐藏"命令,然后再单击鼠标右键,并在弹出的快捷菜单中选择"保存状态"命令。

⑤ 单击"视图"工具栏中的 图标按钮,系统会将图形窗口中的流道路径线隐藏。然后单击"显示"按钮,显示下拉菜单,选中"模型树"选项。

⑥ 单击右侧"模具"菜单中的"模具进料孔"→"定义间距"→"定义移动"选项,然后在图形窗口中选取如图 8-106 所示的"cavity"元件,并单击"选取"对话框中的 [确定] 按钮。

⑦ 在图形窗口中选取如图 8-106 所示的面,此时在"cavity"元件上会出现一个红色箭头,表示移动的方向。

⑧ 在消息区的文本框中输入数值"90",然后单击右侧的 ✔ 图标按钮,返回"定义间距"菜单。

⑨ 单击"定义间距"菜单中的"完成"命令,返回"模具孔"菜单。此时"cavity"元件将向上移动。

⑩ 单击右侧"模具"菜单中的"模具进料孔"→"定义间距"→"定义移动"选项,然后在图形窗口中选取如图 8-107 所示的"cr"元件,并单击"选取"对话框中的 [确定] 按钮。

⑪ 在图形窗口中选取如图 8-107 所示的面,在消息区的文本框中输入数值"30",然后单击右侧的 ✔ 图标按钮,返回"定义间距"菜单。

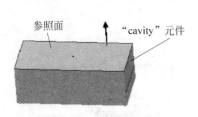

图 8-106 移动"cavity"元件

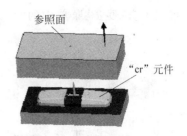

图 8-107 移动"cr"元件

⑫ 单击"定义间距"菜单中的"完成"命令,返回"模具孔"菜单。此时"cr"元件将向上移动。

⑬ 单击右侧"模具"菜单中的"模具进料孔"→"定义间距"→"定义移动"选项,然后在图形窗口中选取如图 8-108 所示的"lifter_1"元件,并单击"选取"对话框中的 确定 按钮。

⑭ 在图形窗口中选取如图 8-108 所示的斜边,在消息区的文本框中输入数值"−30",然后单击右侧的 ✔ 图标按钮,返回"定义间距"菜单。

⑮ 单击"定义间距"菜单中的"完成"命令,返回"模具孔"菜单。此时"lifter_1"元件将向右上方移动。

⑯ 单击右侧"模具"菜单中的"模具进料孔"→"定义间距"→"定义移动"选项,然后在图形窗口中选取如图 8-109 所示的"lifter_2"元件,并单击"选取"对话框中的 确定 按钮。

⑰ 在图形窗口中选取如图 8-109 所示的斜边,在消息区的文本框中输入数值"−30",然后单击右侧的 ✔ 图标按钮,返回"定义间距"菜单。

⑱ 单击"定义间距"菜单中的"完成"命令,返回"模具孔"菜单。此时"lifter_2"元件将向左上方移动。

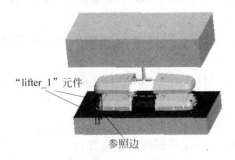

图 8-108 移动"lifter_1"元件

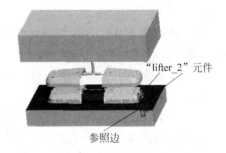

图 8-109 移动"lifter_2"元件

(2) 打开模具

① 单击"模具进料孔"菜单中的"分解"命令,系统弹出"逐步"菜单,此时所有的元件将回到移动前的位置。

② 单击"逐步"菜单中的"打开下一个"命令,系统将打开"cavity"元件,如图 8-110 所示。

③ 再次单击"逐步"菜单中的"打开下一个"命令，系统将打开"cr"元件，如图 8-111 所示。

图 8-110　打开"cavity"元件

图 8-111　打开"cr"元件

④ 继续单击"逐步"菜单中的"打开下一个"命令，系统将打开"lifter_1"元件，如图 8-112 所示。

⑤ 再次单击"逐步"菜单中的"打开下一个"命令，系统将打开"lifter_2"元件，如图 8-113 所示。

图 8-112　打开"lifter_1"元件

图 8-113　打开"lifter_2"元件

12. 模流分析

（1）在模型树上用鼠标右键单击"cr"元件，并在弹出的快捷菜单中选择"打开"命令，系统进入零件模式。

（2）单击右侧工具栏中的 图标按钮，打开"基准点"对话框。然后单击右侧工具栏中的 图标按钮，打开"基准轴"对话框。

（3）在图形窗口中选取如图 8-114 所示的半圆柱面，然后单击对话框底部的 确定 按钮，返回"基准点"对话框。

（4）系统会自动选中刚创建的基准轴，然后按住 Ctrl 键不放，并在图形窗口中选取如图 8-114 所示的顶面。单击对话框底部的 确定 按钮，完成创建基准点操作。

（5）单击主菜单中的"应用程序"→"Plastic Advisor"命令，然后在图形窗口中选取刚创建的基准点，并单击"选取"对话框中的 确定 按钮，进入注塑顾问窗口。

（6）在任意一个工具栏上单击鼠标右键，并在弹出的快捷菜单中选择"View Point"命令，打开"View Point"工具栏。

（7）单击"View Point"工具栏中的 图标按钮，使零件在图形窗口中呈"等轴视角"，如图 8-115 所示。从图中可以看出零件的位置是不对的，正确的位置应该是分模面朝 Z 轴正向。

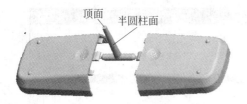

图 8-114　选取参照面

图 8-115　"等轴视角"显示零件

（8）单击"Adviser"工具栏中的 图标按钮，打开"Modeling Tools"对话框，然后切换到"Rotate"选项，如图 8-116 所示。

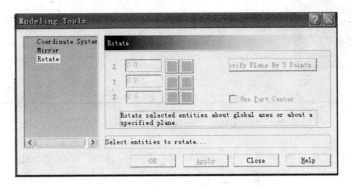

图 8-116　"Modeling Tools"对话框

（9）在图形窗口中选取零件，然后在返回的"Modeling Tools"对话框中，单击"X"文本框右侧的 图标按钮，将零件绕 X 轴旋转 90°。单击对话框底部的 Close 按钮，完成零件的旋转操作。此时零件在图形窗口中的位置如图 8-117 所示。

（10）单击"View Point"工具栏中的 图标按钮，打开"View Rotation"对话框。然后输入如图 8-118 所示的数值，并单击对话框底部的

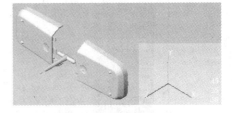

图 8-117　零件旋转后的位置

OK 按钮，完成视图的旋转操作。此时，零件在图形窗口中的位置如图 8-119 所示。

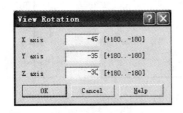

图 8-118　"View Rotation"对话框

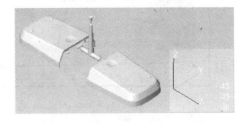

图 8-119　视图旋转后的零件位置

（11）单击"Adviser"工具栏中的 图标按钮，打开"Analysis Wizard-Analysis Selection"对话框。在对话框中选取"Plastic Filling"选项，如图 8-120 所示。

图 8-120 "Analysis Wizard-Analysis Selection"对话框

（12）单击对话框底部的 下一步(N) > 按钮，打开"Analysis Wizard-Select Material"对话框，并选中"Specific Material"单选按钮。然后在"Manufacturer"下拉列表框中选择"Chi Mei Corporation"选项，"Trade name"下拉列表框中选择"PA 764 B"选项，如图 8-121 所示。

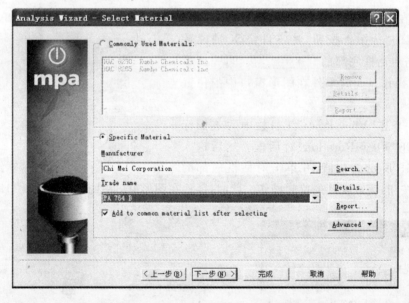

图 8-121 "Analysis Wizard-Select Material"对话框

（13）单击对话框底部的 下一步(N) > 按钮，打开如图 8-122 所示的"Analysis Wizard-Processing Conditions"对话框。接受该对话框中的默认设置，并单击对话框底部的 完成 按钮。

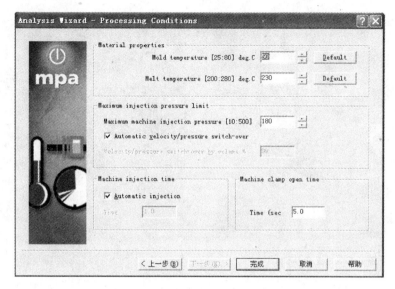

图 8-122 "Analysis Wizard-Processing Conditions"对话框

（14）分析完成后，系统弹出"Result Summary"对话框。然后单击该对话框底部的 Close 按钮，退出对话框。系统将自动选择"confidence of Fill"结果类型，并用色谱图表示分析结果，如图 8-123 所示。由图中可以看出填充质量较好。

（15）单击"Results"工具栏中的"结果类型"下拉列表框右侧的 ▼ 按钮，并在打开的列表框中选择"Fill Time"选项。此时的填充时间图如图 8-124 所示。

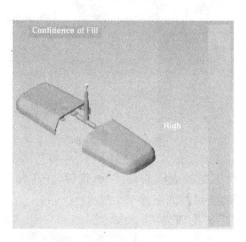

图 8-123 分析结果

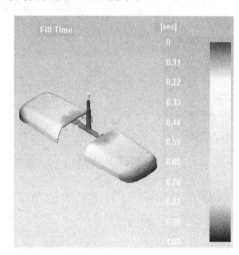

图 8-124 填充时间图

（16）单击"Results"工具栏中的"结果类型"下拉列表框右侧的 ▼ 按钮，并在打开的列表框中选择"Injection Pressure"选项。此时的注射压力图如图 8-125 所示。

（17）单击"Results"工具栏中的"结果类型"下拉列表框右侧的 ▼ 按钮，并在打开的列表框中选择"Flow Front Temp"选项。此时的坡前温度图如图 8-126 所示。

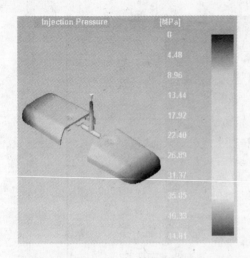

图 8-125　注射压力图

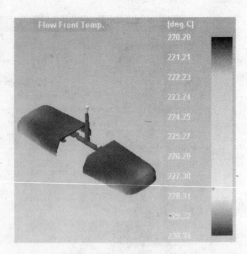

图 8-126　坡前温度图

（18）单击"Results"工具栏中的"结果类型"下拉列表框右侧的 ▼ 按钮，并在打开的列表框中选择"Pressure Drop"选项。此时的压降图如图 8-127 所示。

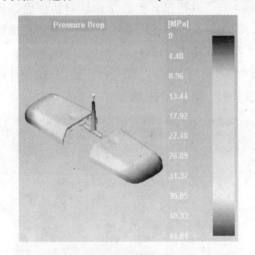

图 8-127　压降图

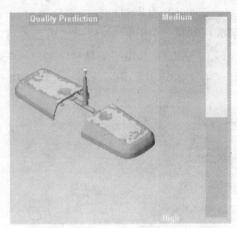

图 8-128　质量图

（19）单击"Results"工具栏中的"结果类型"下拉列表框右侧的 ▼ 按钮，并在打开的列表框中选择"Quality Prediction"选项。此时的质量图如图 8-128 所示。

（20）单击"Results"工具栏中的"结果类型"下拉列表框右侧的 ▼ 按钮，并在打开的列表框中选择"Glass Model"选项。然后分别单击"Results"工具栏中的 ⊥ 图标按钮和 ♨ 图标按钮。此时在零件上显示的熔接纹和气泡如图 8-129 所示。

实例总结

本实例通过电池盖注射模的分模设计，综合运用了裙

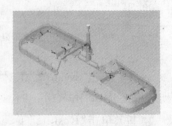

图 8-129　熔接纹和气泡

边曲面、拉伸曲面和镜像曲面的方法创建分型曲面。为了检测模具设计质量,还进行了详细的模流分析。

四、实例4:牙签盒盖注射模分模设计

本例介绍如图8-130所示牙签盒盖注射模的分模设计。牙签盒盖的材料为ABS,壁厚较均匀,采用注射成形。

(一)实例分析

1. 模具结构分析

牙签盒盖的形状比较简单,侧面上有两个通孔,必须采用侧分型模具结构,塑件才能顺利脱模。

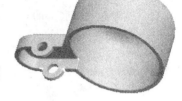

2. 设计方法分析

图8-130 牙签盒盖

本实例主要使用复制曲面和创建平面曲面的方法来创建主分型曲面,利用复制曲面及镜像曲面的方法来创建滑块型芯分型曲面。

(二)设计流程

(1) 创建模具文件。

(2) 装配参照模型。

(3) 设置收缩率。

(4) 创建工件。

(5) 创建分型曲面。

(6) 分割工件。

(7) 抽取模具元件。

(8) 填充。

(9) 仿真开模。

(三)具体设计步骤

1. 创建模具文件

(1) 在计算机的D盘中,建立一个新的文件夹"8-4_mold"。

(2) 将光盘文件路径"项目八/实例4"下的文件"8-4.prt"复制到该文件夹中。

(3) 启动Pro/E 4.0后,单击主菜单中的"文件"→"设置工作目录"命令,打开"选取工作目录"对话框。然后通过"查找范围"下拉列表框,改变工作目录到"8-4_mold"文件夹。

(4) 创建一个新的模具文件。单击工具栏中的 □ 图标按钮,打开"新建"对话框。在打开的"新建"对话框中选取"类型"区域中的"制造",子类型为"模具型腔"。输入文件名称"8-4_mold",取消对"使用缺省模板"复选项的勾选,然后单击对话框底部的 确定 按钮。在打开的"新文件选项"对话框中选择"mmns_mfg_mold"作为文件的模板,然后单击

确定 按钮打开模具设计界面。

2. 装配参照模型

（1）单击工具栏中的布置零件工具 图标按钮，系统弹出"布局"对话框。同时会自动选择 按钮，系统弹出"打开"对话框。

设计零件文件 8-4.prt 已经在工作目录下。在对话框中双击设计零件，在"创建参照模型"对话框中选择默认的"按参照合并"创建参照模型的方法。然后单击对话框底部的 确定 按钮，返回"布局"对话框。

（2）单击对话框底部的 预览 按钮，参照模型在图形窗口中的位置如图 8-131 所示。

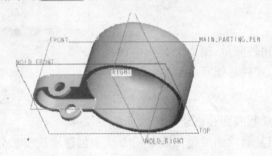

图 8-131 预览参照模型

由于参照模型正确的位置应该是分模面朝 Z 轴正向，根据默认的拖动方向可知，此零件的位置不对，需要重新调整。

（3）单击"参照模型起点与定向"区域中的 图标按钮，在弹出的"得到坐标系"菜单中单击"坐标系类型"中的"动态"命令，打开"参照模型方向"对话框。

（4）在"数值"文本框中输入旋转角度"90"后按 Enter 键，然后单击对话框底部的 确定 按钮，返回"布局"对话框。

（5）在"布局"区域选中"可变"单选按钮，系统弹出"可变"区域，然后单击 添加 按钮，增加一个型腔，并输入如图 8-132 所示的数值。

（6）单击对话框底部的 确定 按钮，退出对话框。系统弹出"警告"对话框。单击 确定 按钮，接受绝对精度值的设置。此时，布置后的参照模型如图 8-133 所示。

（7）在"型腔布置"菜单中单击"完成/返回"选项，完成装配参照模型。

3. 设置收缩率

（1）单击工具栏中的 图标按钮，然后在图形窗口中选取任意一个参照零件，系统打开"按比例收缩"对话框。

（2）单击"坐标系"区域中的 图标按钮，并在图形窗口中选取所选参照零件上的坐标系 PRT_CSYS_DEF 作为参照，输

图 8-132 型腔布置数值

入收缩率"0.005"后按 Enter 键,单击 ✔ 图标按钮完成收缩率设置。

4. 创建工件

(1) 单击工具栏中的 ▱ 图标按钮,打开"自动工件"对话框。

(2) 在图形窗口中选取"MOLD_CSYS_DEF"坐标系作为模具原点。

(3) 在"整体尺寸"区域输入如图 8-134 所示的尺寸,设置工件的大小。

(4) 单击对话框底部的 确定 按钮,退出对话框。创建的工件如图 8-135 所示。

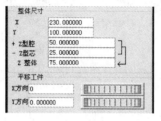
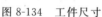

图 8-133　参照模型　　　　　图 8-134　工件尺寸　　　　　图 8-135　工件

5. 创建分型曲面

(1) 创建主分型曲面

① 在导航器上单击"显示"按钮,显示下拉菜单,选中"层树"选项。

② 单击"活动模型"下拉列表框右侧的 ▼ 图标按钮,并在打开的列表中选择"8-4_Mold_REF_1.PRT"零件,使其成为活动零件。

③ 用鼠标右键单击"01_PRT_DEF_DTM_PLN"层,并在弹出的快捷菜单中选择"隐藏"命令。此时,系统会将图形窗口中参照模型的基准平面隐藏。然后再次单击鼠标右键,并在弹出的快捷菜单中选择"保存状态"命令。

④ 用鼠标右键单击"05_PRT_ALL_DTM_CSYS"层,并在弹出的快捷菜单中选择"层属性"命令,打开"层属性"对话框。

⑤ 在图形窗口中选取任意一个参照零件中的"REF_ORIGIN"和"CSO"坐标系,然后单击对话框底部的 确定 按钮,退出对话框。

⑥ 系统会自动选中"05_PRT_ALL_DTM_CSYS"层。单击鼠标右键,并在弹出的快捷菜单中选择"隐藏"命令。此时系统会将图形窗口中参照零件的坐标系隐藏,然后再次单击鼠标右键,并在弹出的快捷菜单中选择"保存状态"命令。

⑦ 单击"显示"按钮,显示下拉菜单,选中"模型树"选项。

⑧ 单击"模具"工具栏中的 ▱ 图标按钮,进入创建分型曲面工作界面。

⑨ 单击主菜单中的"编辑"→"属性"命令,打开"属性"对话框。然后在"名称"文本框中输入"main",单击对话框底部的 确定 按钮,退出对话框。

⑩ 单击状态栏中的"过滤器"下拉列表框右侧的 ▼ 按钮,在打开的下拉列表中选择"几何"选项。

⑪ 在图形窗口中选取如图 8-136 所示的面,此时所选择的面呈红色。

⑫ 单击"编辑"工具栏中的 ▤ 图标按钮,再单击 ▤ 图标按钮,打开"复制曲面"操作

面板。系统即将选取的面创建为单个曲面集。

⑬ 按住 Ctrl 键不放,在图形窗口中选取零件的所有外表面(此时所有外表面呈红色),构建如图 8-137 所示的单个曲面集。

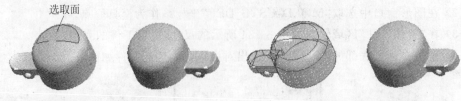

　　图 8-136　选取面　　　　　　　　图 8-137　构建单个曲面集

⑭ 单击"复制曲面"操作面板上的 选项 按钮,在弹出的如图 8-138 所示的"选项"面板中选取"排除曲面并填充孔"选项。

⑮ 单击"填充孔/曲面"收集器,使其处于激活状态,然后在图形窗口中选取如图 8-139 所示的孔的边界。

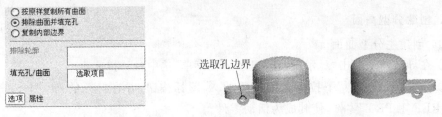

　　图 8-138　"选项"面板　　　　　　图 8-139　选取孔边界

⑯ 将模型旋转至如图 8-140 所示的位置,按住 Ctrl 键不放,并选取如图 8-140 所示的另一个孔的边界。

⑰ 单击操控面板右侧的 ✔ 图标按钮,完成复制曲面操作。

⑱ 单击主菜单中的"视图"→"可见性"→"着色"命令,着色的复制曲面如图 8-141 所示。

　　图 8-140　选取另一孔边界　　　　图 8-141　着色的复制曲面

⑲ 单击主菜单中的"编辑"→"填充"命令,打开"填充"操控面板。

⑳ 在图形窗口中单击鼠标右键,并在弹出的快捷菜单中选取"定义内部草绘"命令,打开"草绘"对话框。

㉑ 选取基准平面"MAIN_PARTING_PLN"作为草绘平面,接受默认的视图方向参照,单击鼠标中键进入二维草绘模式。

㉒ 绘制如图 8-142 所示的二维截面，并单击"草绘工具"工具栏中的 ✔ 图标按钮，完成草绘操作，返回"填充"操控面板。

㉓ 单击操控面板右侧的 ✔ 图标按钮，完成填充操作。

㉔ 按住 Ctrl 键不放，并在模型树中选中"复制 1"特征。

㉕ 单击主菜单中的"编辑"→"合并"命令，打开"合并"操控面板。单击 参照 按钮，在弹出的"参照"面板中，选中"面组：F9（MAIN）"使其位于列表顶部，成为主面组，如图 8-143 所示。

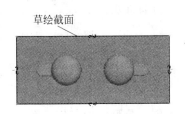

图 8-142 草绘截面   图 8-143 "参照"面板

㉖ 单击对话框中的第一个 ╱ 图标按钮，改变第一个面组包括在合并曲面中的一侧。然后再单击第二个 ╱ 图标按钮，改变第二个面组包括在合并曲面中的一侧。

㉗ 单击操控面板右侧的 ✔ 图标按钮，完成合并曲面操作。

㉘ 在"模型树"中用鼠标右键单击"复制 1"特征，并在弹出的快捷菜单中选择"遮蔽"命令，将创建的分型曲面遮蔽。

㉙ 在图形窗口中选取如图 8-144 所示的面，此时所选择的面呈红色。

㉚ 单击"编辑"工具栏中的 🖿 图标按钮，然后单击 🖿 图标按钮，打开"复制曲面"操作面板。

㉛ 按住 Ctrl 键不放，在图形窗口中选取零件的所有外表面（此时所有外表面呈红色）。

㉜ 单击"复制曲面"操作面板上的 选项 按钮，在弹出的"选项"面板中选取"排除曲面并填充孔"选项。

㉝ 单击"填充孔/曲面"收集器，使其处于激活状态，按住 Ctrl 键不放，然后在图形窗口中选取如图 8-145 所示的两个孔的外侧面边界。

图 8-144 选取面   图 8-145 选取孔边界

㉞ 单击操控面板右侧的 ✔ 图标按钮,完成复制曲面操作。

㉟ 在"模型树"中用鼠标右键单击"复制1"特征,并在弹出的快捷菜单中选择"取消遮蔽"命令,将创建的左边部分曲面显示出来。然后按住 Ctrl 键不放,并选中"复制2"特征。

㊱ 单击主菜单中的"编辑"→"合并"命令,打开"合并"操控面板。

㊲ 单击对话框中的第一个 ⅄ 图标按钮,改变第一个面组包括在合并曲面中的一侧。然后再单击第二个 ⅃ 图标按钮,改变第二个面组包括在合并曲面中的一侧。

㊳ 单击操控面板右侧的 ✔ 图标按钮,完成合并曲面操作。

㊴ 单击主菜单中的"视图"→"可见性"→"着色"命令,着色的主分型曲面如图 8-146 所示。

㊵ 单击工具栏右侧的 ✔ 图标按钮,完成分型曲面的操作。

图 8-146　着色的主分型曲面

(2) 创建滑块型芯分型曲面

① 在"模型树"中用鼠标右键单击"复制1"特征,并在弹出的快捷菜单中选择"遮蔽"命令,将创建的主分型曲面遮蔽。

② 单击"模具"工具栏中的 ▢ 图标按钮,进入创建分型曲面工作界面。

③ 单击主菜单中的"编辑"→"属性"命令,打开"属性"对话框。然后在"名称"文本框中输入"slide_core_1",单击对话框底部的 确定 按钮,退出对话框。

④ 按住 Ctrl 键不放,并在图形窗口中选取图 8-147 所示的孔的两个半圆柱面,此时所选择的面呈红色。

⑤ 单击"编辑"工具栏中的 🗐 图标按钮,然后单击"编辑"工具栏中的 🗐 图标按钮,打开"复制曲面"操作面板。

⑥ 单击操控面板右侧的 ✔ 图标按钮,完成复制曲面操作。

⑦ 旋转模型至如图 8-148 所示的位置,然后在图形窗口中选取如图 8-148 所示的面,此时所选择的面呈红色。

⑧ 单击"编辑"工具栏中的 🗐 图标按钮,然后单击 🗐 图标按钮,打开"复制曲面"操作面板。

⑨ 单击"复制曲面"操作面板上的 选项 按钮,在弹出的"选项"面板中选中"排除曲面并填充孔"选项。

⑩ 单击"填充孔/曲面"收集器,使其处于激活状态,然后在图形窗口中再次选取如图 8-148 所示的面。

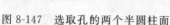

选取此面

选取两个半圆柱面

图 8-147　选取孔的两个半圆柱面　　　　　图 8-148　选取面

⑪ 单击操控面板右侧的 ✔ 图标按钮,完成复制曲面操作。

⑫ 按住 Ctrl 键不放,并在模型树中选中"复制 3"特征。

⑬ 单击主菜单中的"编辑"→"合并"命令,打开"合并"操控面板。单击 参照 按钮,在弹出的"参照"面板中,选中"面组：F14(SLIDE_CORE_1)"使其位于列表顶部,成为主面组。

⑭ 单击第二个 ⁒ 图标按钮,改变第二个面组包括在合并曲面中的一侧。

⑮ 单击操控面板右侧的 ✔ 图标按钮,完成合并曲面操作。

⑯ 在图形窗口中选取如图 8-149 所示的边,然后单击主菜单中的"编辑"→"延伸"命令,打开"延伸"操控面板。

图 8-149 选取延伸边

⑰ 单击 参照 按钮,并在弹出的面板中单击 细节... 按钮,打开如图 8-150 所示的"链"对话框。然后选择"基于规则"单选按钮,并在"规则"区域中选中"完整环"单选按钮。

⑱ 单击对话框底部的 确定 按钮,返回"延伸"操控面板。

⑲ 单击"延伸"操控面板上的 ⬚ 图标按钮,选中"延伸到平面"选项,然后在图形窗口中选取如图 8-151 所示的面为延伸参照平面。

图 8-150 "链"对话框

图 8-151 延伸参照平面

⑳ 单击"延伸"操控面板右侧的 ✔ 图标按钮,完成延伸操作。

㉑ 单击主菜单中的"视图"→"可见性"→"着色"命令,着色的下滑块型芯分型曲面如图 8-152 所示。

㉒ 单击状态栏中的"过滤器"下拉列表框右侧的 ☑ 图标按钮,在打开的下拉列表中选择"面组"选项。

㉓ 在图形窗口中选取如图 8-153 所示的面组,此时所选择的面组呈红色。

选取此面组

图 8-152　着色的下滑块型芯
　　　　　　分型曲面

图 8-153　选取面组

㉔ 单击"编辑"工具栏中的 图标按钮,然后单击 图标按钮,打开"复制曲面"操作面板。

㉕ 单击操控面板右侧的 图标按钮,完成复制曲面操作。

㉖ 单击主菜单中的"编辑"→"转换"命令,然后在弹出的"选项"菜单中单击"镜像"、"无复制"和"完成"命令。

㉗ 在图形窗口中选取刚创建的"复制 5"特征,并单击"选取"对话框中的 确定 按钮。然后选取基准平面"MOLD_RIGHT"为镜像平面。

㉘ 单击工具栏右侧的 图标按钮,完成下滑块型芯分型曲面的创建操作。创建的下滑块型芯分型曲面如图 8-154 所示。

（3）创建上滑块型芯分型曲面

① 单击"模具"工具栏中的 图标按钮,进入创建分型曲面工作界面。

图 8-154　下滑块型芯分型曲面

② 单击主菜单中的"编辑"→"属性"命令,打开"属性"对话框。然后在"名称"文本框中输入"slide_core_2",单击对话框底部的 确定 按钮,退出对话框。

③ 在图形窗口中选取如图 8-155 所示的面组 1,此时所选择的面组呈红色。

④ 单击"编辑"工具栏中的 图标按钮,然后单击 图标按钮,打开"复制曲面"操作面板。然后按住 Ctrl 键不放,并在图形窗口中选取如图 8-155 所示的面组 2。

⑤ 单击操控面板右侧的 按钮,完成复制曲面操作。

⑥ 单击主菜单中的"编辑"→"转换"命令,然后在弹出的"选项"菜单中单击"镜像"、"无复制"和"完成"命令。

⑦ 在图形窗口中选取刚创建的"复制 6"特征,并单击"选取"对话框中的 确定 按钮,然后选取基准平面"MOLD_FRONT"为镜像平面。

⑧ 单击工具栏右侧的 图标按钮,完成上滑块型芯分型曲面的创建操作。完成创建上滑块型芯分型曲面如图 8-156 所示。

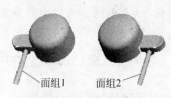

面组1　　面组2

图 8-155　选取面组

图 8-156　上滑块型芯分型曲面

6. 分割工件

（1）分割下滑块型芯

① 单击工具栏中的 ✎ 图标按钮，打开"遮蔽-取消遮蔽"对话框。然后单击"取消遮蔽"按钮，切换到"取消遮蔽"选项卡。

② 在"遮蔽的元件"列表中，选中"8-4_MOLD_WRK"元件，然后单击 去除遮蔽 按钮，将其显示出来。

③ 单击"过滤"区域中的 分型面 按钮，切换到"分型面"过滤类型；然后在"遮蔽的曲面"列表中，选中"main"分型曲面，并单击 去除遮蔽 按钮，将其显示出来。

④ 单击对话框底部的 关闭 按钮，退出对话框。

⑤ 在右工具箱中单击分割体积块 图标按钮，在打开的"分割体积块"菜单中选取"两个体积块"、"所有工件"和"完成"选项。

⑥ 按住 Ctrl 键不放，并在图形窗口中选取如图 8-157 所示的"slide_core_1"分型曲面，然后单击"选取"对话框中的 确定 按钮，并在弹出的"岛列表"菜单中选中"岛 1"选项。

⑦ 单击"岛列表"菜单中的"完成选取"命令，返回"分割"对话框，然后单击对话框底部的 确定 按钮。此时，系统加亮显示分割生成的体积块，并弹出"属性"对话框。

⑧ 在弹出的"属性"对话框中输入体积块的名称"temp_1"，然后单击对话框底部的 着色 按钮，着色的体积块如图 8-158 所示。

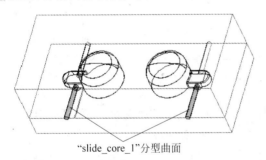

图 8-157 选取"slide_core_1"分型曲面　　图 8-158 着色的"temp_1"体积块

⑨ 单击对话框底部的 确定 按钮，系统会加亮显示分割生成的另一个体积块，并弹出"属性"对话框。

⑩ 在弹出的"属性"对话框中输入体积块的名称"slide_core_1_1"，然后单击对话框底部的 着色 按钮，着色的体积块如图 8-159 所示。

图 8-159 着色的"slide_core_1_1"体积块

⑪ 单击对话框底部的 确定 按钮，完成分割操作。

（2）分割上滑块型芯

① 在右工具箱中单击分割体积块 图标按钮，在打开的"分割体积块"菜单中选取"两个体积块"、"模具体积块"和"完成"选项。打开如图8-160所示的"搜索工具"对话框。

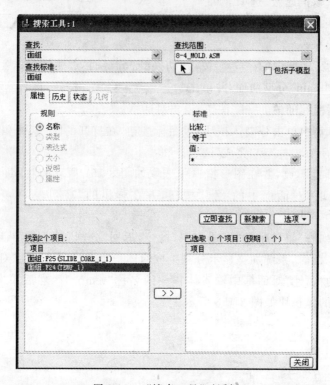

图 8-160   "搜索工具"对话框

② 在"搜索工具"对话框中的"找到的项目"列表中选中"面组：F24 TEMP_1"面组，然后依次单击 >> 按钮和 关闭 按钮，打开"分割"对话框。

③ 在图形窗口中选取如图8-161所示的"slide_core_2"分型曲面，然后单击"选取"对话框中的 确定 按钮，并在弹出的"岛列表"菜单中选中"岛1"选项。

④ 单击"岛列表"菜单中的"完成选取"命令，返回"分割"对话框，然后单击对话框底部的 确定 按钮。此时，系统加亮显示分割生成的体积块，并弹出"属性"对话框。

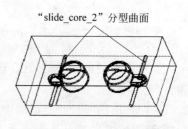

图 8-161   "slide_core_2"分型曲面

⑤ 在对话框中输入体积块的名称"temp_2"，然后单击对话框底部的 着色 按钮，着色的体积块如图8-162所示。

⑥ 单击对话框底部的 确定 按钮，系统会加亮显示分割生成的另一个体积块，并弹出"属性"对话框。

⑦ 在弹出的"属性"对话框中输入体积块的名称"slide_core_2_1"，然后单击对话框底

部的 $\boxed{\text{着色}}$ 按钮,着色的体积块如图 8-163 所示。

⑧ 单击对话框底部的 $\boxed{\text{确定}}$ 按钮,完成分割操作。

图 8-162 着色的"temp_2"体积块 　图 8-163 着色的"slide_core_2_1"体积块

(3) 分割动模和定模

① 在右工具箱中单击分割体积块 $\boxed{=}$ 图标按钮,在打开的"分割体积块"菜单中选取"两个体积块"、"模具体积块"和"完成"选项。打开"搜索工具"对话框。

② 在"搜索工具"对话框中的"找到的项目"列表中选中"temp_2"面组,然后依次单击 $\boxed{>>}$ 按钮和 $\boxed{\text{关闭}}$ 按钮,打开"分割"对话框。

③ 在图形窗口中选取如图 8-164 所示的"main"分型曲面,然后单击"选取"对话框中的 $\boxed{\text{确定}}$ 按钮,返回"分割"对话框。

④ 单击对话框底部的 $\boxed{\text{确定}}$ 按钮。此时,系统加亮显示分割生成的体积块,并弹出"属性"对话框。

⑤ 在对话框中输入体积块的名称"core",然后单击对话框底部的 $\boxed{\text{着色}}$ 按钮,着色的体积块如图 8-165 所示。

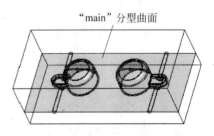

"main" 分型曲面

图 8-164 选取"main"分型曲面

⑥ 单击对话框底部的 $\boxed{\text{确定}}$ 按钮,系统会加亮显示分割生成的另一个体积块,并弹出"属性"对话框。

⑦ 在弹出的"属性"对话框中输入体积块的名称"cavity",然后单击对话框底部的 $\boxed{\text{着色}}$ 按钮,着色的体积块如图 8-166 所示。

⑧ 单击对话框底部的 $\boxed{\text{确定}}$ 按钮,完成分割操作。

图 8-165 着色的"core"体积块 　图 8-166 着色的"cavity"体积块

7. 抽取模具元件

(1) 在菜单管理器中依次选取"模具"→"模具元件"→"抽取"选项,打开"创建模具元件"对话框。

(2) 单击对话框中的 $\boxed{\equiv}$ 图标按钮,选中所有的模具体积块。

(3) 单击"高级"选项前面的 $\boxed{\blacktriangleright}$ 图标按钮,然后在弹出的"高级"区域中,改变"slide_

core_1_1"体积块的名称为"slide_core_1","slide_core_2_1"体积块的名称为"slide_core_2"。最后单击▤按钮,选中所有模具体积块,如图 8-167 所示。

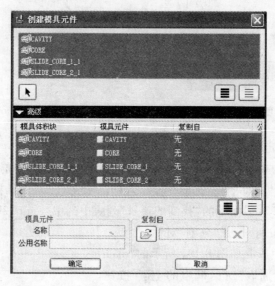

图 8-167　"创建模具元件"对话框

(4)单击"复制自"区域中的▣按钮,打开"选择模板"对话框,然后通过"查找范围"下拉列表框,改变目录到"mmns_part_solid.prt"模板文件所在目录(如"D:\Program Files\proleWildfire 4.0\templates")。

(5)在文件列表中双击"mmns_part_solid.prt"文件,返回"创建模具元件"对话框。

提示:本步骤是为了使抽取的模具元件,具有 Pro/ENGINEER 零件所具有的基准特征和视角等。

(6)单击对话框底部的 确定 按钮,完成抽取模具元件操作。

8．填充

在"菜单管理器"中依次选取"模具"→"铸模"→"创建"选项,并在消息区中的文本框输入零件名称"cr",然后单击右侧的 ✔ 图标按钮,完成铸模的创建。

9．仿真开模

(1)定义开模步骤

① 单击工具栏中的 🐟 图标按钮,打开"遮蔽-取消遮蔽"对话框。然后按住 Ctrl 键不放,并在"可见元件"列表中选中"8-4_MOLD_REF"和"8-4_MOLD_WRK"元件,如图 8-168,单击 遮蔽 按钮,将其遮蔽。

② 单击"过滤"区域中的 分型面 按钮,切换到"分型面"过滤类型;然后单击▤图标按钮,选中所有分型曲面,如图 8-169 所示,并单击 遮蔽 按钮,将其遮蔽。

③ 单击对话框底部的 关闭 按钮,退出对话框。

④ 单击右侧"模具"菜单中的"模具进料孔"→"定义间距"→"定义移动"选项,然后在图形窗口中选取如图 8-170 所示的"cavity"元件,并单击"选取"对话框中的 确定 按钮。

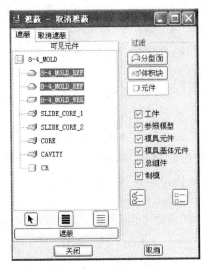

图 8-168 遮蔽模具元件

图 8-169 遮蔽分型曲面

⑤ 在图形窗口中选取如图 8-170 所示的面,此时在"cavity"元件上会出现一个红色箭头,表示移动的方向。

⑥ 在消息区的文本框中输入数值"100",然后单击右侧的 ✔ 图标按钮,返回"定义间距"菜单。

⑦ 单击"定义间距"菜单中的"完成"命令,返回"模具孔"菜单。此时"cavity"元件将向上移动。

⑧ 单击右侧"模具"菜单中的"模具进料孔"→"定义间距"→"定义移动"选项,然后在图形窗口中选取如图 8-171 所示的"slide_core_1"元件,并单击"选取"对话框中的 确定 按钮。

图 8-170 移动"cavity"元件

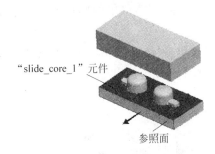

图 8-171 移动"slide_core_1"元件

⑨ 在图形窗口中选取如图 8-171 所示的面,在消息区的文本框中输入数值"60",然后单击右侧的 ✔ 图标按钮,返回"定义间距"菜单。

⑩ 单击"定义间距"菜单中的"完成"命令,返回"模具孔"菜单。此时"slide_core_1"元件将向左下方移动。

⑪ 单击右侧"模具"菜单中的"模具进料孔"→"定义间距"→"定义移动"选项,然后在

图形窗口中选取如图 8-172 所示的"slide_core_2"元件,并单击"选取"对话框中的 确定 按钮。

⑫ 在图形窗口中选取如图 8-172 所示的面,在消息区的文本框中输入数值"-60",然后单击右侧的 ✔ 图标按钮,返回"定义间距"菜单。

⑬ 单击"定义间距"菜单中的"完成"命令,返回"模具孔"菜单。此时"slide_core_2"元件将向右上方移动。

⑭ 单击右侧"模具"菜单中的"模具进料孔"→"定义间距"→"定义移动"选项,然后在图形窗口中选取如图 8-173 所示的"core"元件,并单击"选取"对话框中的 确定 按钮。

⑮ 在图形窗口中选取如图 8-173 所示的边,在消息区的文本框中输入数值"-40",然后单击右侧的 ✔ 图标按钮,返回"定义间距"菜单。

⑯ 单击"定义间距"菜单中的"完成"命令,返回"模具孔"菜单。此时"core"元件将向下移动。

图 8-172　移动"slide_core_2"元件

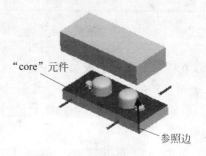

图 8-173　移动"core"元件

（2）打开模具

① 单击"模具进料孔"菜单中的"分解"命令,系统弹出"逐步"菜单,此时所有的元件将回到移动前的位置。

② 单击"逐步"菜单中的"打开下一个"命令,系统将打开"cavity"元件,如图 8-174 所示。

③ 再次单击"逐步"菜单中的"打开下一个"命令,系统将打开"slide_core_1"元件,如图 8-175 所示。

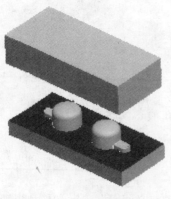

图 8-174　打开"cavity"元件

图 8-175　打开"slide_core_1"元件

④ 继续单击"逐步"菜单中的"打开下一个"命令,系统将打开"slide_core_2"元件,如图 8-176 所示。

⑤ 再次单击"逐步"菜单中的"打开下一个"命令,系统将打开"core"元件,如图 8-177 所示。

图 8-176 打开"slide_core_2"元件 　　图 8-177 打开"core"元件

实例总结

本实例通过牙签盒盖注射模的分模设计,综合运用了复制曲面、填充曲面和镜像曲面的方法创建分型曲面,包含的知识点主要有分型曲面的创建方法、侧分型滑块分型曲面的创建等。

参 考 文 献

[1] 常旭睿.Pro/ENGINEER 野火 3.0 中文版模具设计实例精讲[M].北京：电子工业出版社,2006.

[2] 谭雪松,王金,侯燕铭.Pro/ENGINEER Wildfire 中文版模具设计[M].北京：人民邮电出版社,2009.

[3] 张玉平,仇灿华,李丽娜.Pro/ENGINEER Wildfire 4.0 中文版模具设计技术指导[M].北京：电子工业出版社,2008.

[4] 詹友刚.Pro/ENGINEER 中文野火版 4.0 模具设计实例精解[M].北京：机械工业出版社,2009.

[5] 詹友刚.Pro/ENGINEER 中文野火版 4.0 模具设计教程[M].北京：机械工业出版社,2008.

[6] 葛正浩.Pro/E 注塑模具设计实例教程[M].北京：化学工业出版社,2007.

[7] 胡伟.Pro/E 4.0 产品与注塑模具设计从入门到精通[M].北京：化学工业出版社,2010.

[8] 张磊,谢龙汉,朱圣晓.Pro/ENGINEER Wildfire 4 模具设计实例图解[M].北京：清华大学出版社,2008.